课程思政建设探索教材

高等教育"十四五"新技术系列

U0175687

机器人技术

主　编　岳建海　胡准庆

北京交通大学出版社

·北京·

内 容 简 介

本书主要介绍机器人的基本机械结构和工作原理，以及在工业制造领域中的应用。内容包括机器人基础知识、机器人的机械结构、机器人的机械运动、工业机器人控制、机器人的驱动、机器人传感探测技术、机器人的应用，共 7 章。

本书可作为应用型本科院校及高职高专院校机电类、自动化类专业的教材，也可作为职工培训教材，还可作为相关专业技术人员的参考书。

图书在版编目（CIP）数据

机器人技术/岳建海，胡准庆主编. —北京：北京交通大学出版社，2022.8
ISBN 978-7-5121-4626-6

Ⅰ.① 机… Ⅱ.① 岳… ② 胡… Ⅲ.① 机器人技术 Ⅳ.① TP24

中国版本图书馆 CIP 数据核字（2021）第 237427 号

机器人技术
JIQIREN JISHU

责任编辑：吴嫦娥
出版发行：北京交通大学出版社   电话：010 - 51686414   http：//www.bjtup.com.cn
地　　址：北京市海淀区高粱桥斜街 44 号   邮编：100044
印 刷 者：三河市华骏印务包装有限公司
经　　销：全国新华书店
开　　本：185 mm×260 mm   印张：11.75   字数：301 千字
版 印 次：2022 年 8 月第 1 版   2022 年 8 月第 1 次印刷
定　　价：48.00 元

本书如有质量问题，请向北京交通大学出版社质监组反映。对您的意见和批评，我们表示欢迎和感谢。
投诉电话：010 - 51686043，51686008；传真：010 - 62225406；E-mail：press@ bjtu. edu. cn。

前　言

　　机器人是典型的机电一体化设备，涉及机械、电子、计算机、自动控制及人工智能等多门学科的知识，目前广泛应用于国民经济的所有领域。特别是在现代化的工业生产中，机器人从事焊接、喷涂、装配、搬运、加工等繁重的工作，已经逐渐成为现代化制造的主力军。在其他领域，如医疗、服务、深海、太空等方面，机器人也在不断发展，发挥着越来越大的作用。因此，作为一名理工科学生，学习机器人方面的知识是非常必要的，特别是机电类、自动化类专业的学生，更应该把机器人技术作为重要的课程来学习。

　　为适应新形势下机器人技术课程教学工作的需要，本书在编写过程中，紧密结合应用型本科及高职高专学生的特点，内容安排上删除了烦琐的公式推导、运动学及动力系计算，以创新的思维方式构建了机器人技术的内容体系。尽量用图、表方法描述机器人的各部分知识，内容上既包括了机器人的传统知识及工业应用，又介绍了机器人技术的前沿知识。本书编写力求具有创新性、先进性和实用性，并且通俗易懂、深入浅出，力求读者通过学习本书内容，掌握机器人领域的专业技能并具有主动创新的能力。同时，本书吸收了国内外机器人技术最新的研究成果及应用案例，紧密贴近我国机器人技术的最新发展和实践，内容新颖、体系健全、案例丰富。

　　本书共分7章，以机器人技术的基础知识、基本理论、工业典型应用为主线展开介绍。全书由北京交通大学岳建海、胡准庆和彭俊彬编写，第1、2、3章由岳建海和彭俊彬编写，第4、5章由岳建海、胡准庆和彭俊彬编写，第6、7章由岳建海和胡准庆编写。

　　由于编者水平有限，尽管编者尽心尽力，但书中疏漏和不足之处在所难免，恳请广大读者和专家、学者批评指正，以便我们将来更好地修改完善本书。

2022 年 8 月

编者

目　录

第1章　机器人基础知识

1.1　机器人的起源及发展

1.1.1　机器人的起源

"机器人"是存在于多种语言和文字的新造词，它体现了人类长期以来的一种愿望，即创造出一种像人一样的机器，以便能够代替人去从事各种工作。机器人始于人类的想象力，创造于人们的生产过程，并为生产力服务。

1920年，捷克斯洛伐克剧作家卡雷尔·凯培克在其科幻情节剧《罗萨姆的万能机器人》中，第一次提出了"机器人"（robot），这被当成了"机器人"一词的起源。在捷克语中，robot这个词是指一个赋役的努力。它反映了人类希望制造出像人一样会思考、又会劳动的机器代替自己工作的愿望。但在当时，"机器人"一词仅具有科幻意义，真正使机器人成为现实是在20世纪工业机器人出现以后。

1939年，纽约世博会上展出了西屋电气公司制造的家用机器人Elektro。它由电缆控制，可以行走，会说77个词，甚至会抽烟，但离真正干家务活还很远。它让人们对家用机器人的憧憬变得更加具体。

1942年，美国著名科学幻想小说家阿西莫夫在其小说《我是机器人》中，首先使用了"机器人学"（robotics）这个词来描述与机器人有关的科学，并提出了有名的"机器人三原则"：

① 机器人必须不危害人类，也不允许他眼看人类将受害而袖手旁观；

② 机器人必须绝对服从于人类，除非这种服从有害于人类；

③ 机器人必须保护自身不受伤害，除非为了保护人类或者是人类命令它做出牺牲。

这三条原则，给机器人赋以新的伦理性，并使机器人概念通俗化，更易于为人类社会所接受。机器人原本只是科幻小说的创造，但后来这三条原则成为学术界默认的研发原则。至今，它仍为机器人研究人员、设计制造厂家和用户，提供了十分有意义的指导方针。

1. 萌芽期

20世纪50—60年代是机器人的萌芽期。在这一时期主要是普及理念、实施专利、试制样机、形成理论、培养市场等。

1954年，美国电子学家乔治·德沃尔制造出世界上第一台可编程的机器人，并获得了"可编程序机械手"专利。这是一种像人手臂的机械手，它按程序进行工作，这种程序可以根据不同工作需要来编制，因此具有通用性和灵活性。由此，热衷于机器人研究的物理学家英格伯格开始研究如何能制造出像人一样学习别人干活的动作，之后便能自动重复操作的机器人。1958年，英格伯格和德沃尔联手制造出第一台真正实用的工业机器人。随后，他们成立了世界上第一家机器人制造工厂——尤尼梅逊（UNIMATION）公司，并将第一批机器人称为"尤尼梅物"（unimate），意思是"万能自动"，英格伯格因此也被称为"工业机器人之父"。

1959 年，日本的发那科（FANUC）公司率先推出了电液步进电机。发那科是世界上唯一一家能提供集成视觉系统的机器人企业，同时也是唯一能提供 0.5 kg 到 1.35 t 负重的机器人的公司。发那科机器人产品在装配、搬运、焊接等不同生产环节有着广泛的应用，其产品种类多达 240 余种。

2. 成长期

20 世纪 60 年代，随着传感技术和工业自动化的发展，工业机器人进入成长期，机器人开始向实用化发展，并被用于焊接和喷涂作业。1962 年，美国 AMF 公司生产出"Verstran"，与 unimate 一样成为真正商业化的工业机器人，并出口到世界各国，掀起了全世界对机器人和机器人研究的热潮。

1969 年日本早稻田大学加藤一郎实验室研发出第一台以双脚走路的机器人。加藤一郎长期致力于研究仿人机器人，被誉为"仿人机器人之父"。日本专家一向以研发仿人机器人和娱乐机器人的技术见长，后来更进一步，催生出本田公司的 ASIMO 和索尼公司的 QRIO 机器人。

20 世纪 70—80 年代是机器人的成长期。这一时期奠定了机器人学的理论基础。两次石油危机引起的劳动力不足，促进了机器人的成长。一些发达国家在成长期制定和出台了一系列相关的政策和法规，推动了机器人的应用和普及，教育体系在此时期内逐步形成。

20 世纪 70 年代，随着计算机和人工智能的发展，机器人进入实用化时代。1978 年，美国尤尼梅逊公司推出通用工业机器人 PUMA，这标志着工业机器人技术已经完全成熟。PUMA 至今仍然工作在工厂第一线。

1974 年，欧洲诞生了世界上第一台六轴工业机器人，该工业机器人由瑞士的 ABB 公司发明。ABB 公司拥有当今世界上产品种类最多的机器人产品、先进的技术和售后服务，目前 ABB 系列的机器人在超过 16 万台，欧洲的汽车制造商沃尔沃及印度 TATA 汽车机器人弧焊工作站、马来西亚伟创力涂装线等都应用了 ABB 公司生产的工业机器人。

20 世纪 80 年代，机器人发展成为具有各种移动机构、通过传感器控制的机器。工业机器人进入普及时代，开始在汽车、电子等行业大量使用，推动了机器人产业的发展。为满足人们个性化的要求，工业机器人的生产趋于小批量、多品种。

3. 发展期

20 世纪 90 年代是机器人的发展期。工业机器人不但稳固地占领了汽车和家用电器两个领域，还逐步向传统作业（劳动强度大、环境脏及危险）行业拓展，智能机器人开始在此崭露头角。1998 年丹麦乐高公司推出机器人（mind-storms）套件，让机器人制造变得跟搭积木一样，相对简单又能任意拼装，使机器人开始走入个人世界。1999 年日本索尼公司推出犬型机器人爱宝（AIBO），从此娱乐机器人成为机器人迈进普通家庭的途径之一。

20 世纪 90 年代初，工业机器人生产与需求进入了高潮期。随着信息技术的发展，机器人的概念和应用领域也在不断扩大。20 世纪 90 年代后半期机器人开始进入人类生活。

4. 成熟期和飞跃期

21 世纪初是机器人的成熟期和飞跃期。工业机器人单元经过几十年的积淀，在相关的理论、技术、应用、标准、安全、可靠性、寿命等方面均进入稳定发展时期。2002 年美国 iRobot 公司推出了吸尘器机器人 Roomba，它能避开障碍，自动设计行进路线，还能在电量不足时自动驶向充电座。2006 年，微软公司推出 Microsoft Robotics Studio，机器人模块化、平台统一化的趋势越来越明显。2013 年，首个仿生机器人"雷克斯"（Rex）在伦敦展出。2019 年，亚马逊推出了基于开源机器人操作系统（ROS）标准的 AWS RoboMaker 平台。一旦服务机器人和拟人机器人走入人类生活，其发展势必产生质的飞跃。

目前比较成熟的，还是工业应用类的机器人。在工厂里，机器人不仅仅是代替了人工劳动，而且是综合了人和机器特长的一种类似于人的电子机械装置。这种电子机械装置在具备人对环境状态的快速反应和分析判断能力的同时，还具备机器可长时间持续工作、精确度高和抗恶劣环境的能力。从普通意义上，可以认为机器人是机器进化过程的产物，是工业设备及服务性设备，也是先进制造技术领域不可缺少的自动化设备。

1.1.2　机器人的定义

机器人在不断发展，而机器人的定义随着时代的进步而发生着变化。根本原因是机器人涉及了人的概念，成为一个难以回答的哲学问题。正是由于机器人定义的模糊，才给了人们充分的想象和创造空间。

1967 年在日本召开的第一届机器人学术会议上，有学者提出了两个有代表性的机器人定义。一是森政弘与合田周平提出的："机器人是一种具有移动性、个体性、智能性、通用性、半机械半人性、自动性、奴隶性等 7 个特征的柔性机器。"从这一定义出发，森政弘又提出了用自动性、智能性、个体性、半机械半人性、作业性、通用性、信息性、柔性、有限性、移动性等 10 个特性来表示机器人的形象。

另一个是加藤一郎提出的，即机器人是具有脑、手、脚等三要素的个体，具有非接触传感器（用眼、耳接收远方信息）和接触传感器，具有平衡觉和固有觉的传感器。该定义强调了机器人应当仿人的含义，即它靠手进行动作，靠脚实现移动，由脑来完成统一指挥的作用。非接触传感器和接触传感器相当于人的五官，使机器人能够识别外界环境，而平衡觉和固有觉则是机器人感知本身状态所不可缺少的传感器。这里描述的不是工业机器人而是自主机器人。

目前，对机器人的定义主要是指工业机器人。

美国机器人协会：一种用于移动各种材料、零件、工具或专用装置的，通过程序动作来执行各种任务，并具有编程能力的多功能操作机（manipulator）。

美国国家标准局：一种能够进行编程并在自动控制下完成某些操作和移动作业任务或动作的机械装置。

日本工业标准局：一种机械装置，在自动控制下能够完成某些操作或者动作功能。

英国：貌似人的自动机，具有智力的和顺从于人的但不具有人格的机器。

国际标准化组织（ISO）1987 年对工业机器人的定义："工业机器人是一种具有自动控制的操作和移动功能，能完成各种作业的可编程操作机。"

在我国，GB/T 12643—90 对工业机器人的定义是："工业机器人是一种能自动定位控制，可重复编程的、多功能的、多自由度的操作机。能搬运材料、零件或操持工具，用以完成各种作业。"

定义中的操作机是指："具有和人手臂相似的动作功能，可在空间抓放物体或进行其他操作的机械装置。"

GB/T 12643—2013 中对机器人的定义是："具有两个或两个以上可编程的轴，以及一定程度的自主能力，可在其环境内运动以执行预期的任务的执行机构。"一般情况下，可以认为机器人是具有下述性质的机械。

（1）能够代替人工。机器人可以像人一样地使用工具和机械，所以数控车床和汽车不是机器人。

（2）具有通用性。机器人既可以简单地变换场所进行作业，又可以根据工作状况的变化相应地进行工作。普通的玩具机器人不具备通用性。

（3）可以直接对外界工作。机器人既能像计算机那样进行计算，同时又可以依据计算的结果对外界产生作用。

1.1.3　机器人的发展

从系统集成角度来看，机器人技术综合了计算机、控制论、机构学、信息和传感技术、人工智能、仿生学等多种学科，是一种高新技术，它是当代研究十分活跃、应用日益广泛的一个领域。工业机器人核心技术如下。

1. 灵巧操作技术

在制造业中，工业机器人的使用比较广泛，需要对人手臂的灵巧操作进行模仿。工业机器人的手臂具有高精度感知的特点，通过创新传感器及独立关节，能够与人手臂的灵巧度基本一致。工业机器人的灵巧操作技术，借助于驱动结构及机械装置的优化，通过对二者进行优化，能够达到有效提升机器人操作可重复性及准确度的目的。此外，要想充分发挥工业机器人的灵巧操作技术，就需要做好材料的选择工作。

2. 自主导航技术

需要在有障碍物的状态下，搬运机器人能够完成自主导航，在装配线上顺利地实施搬运工作，这是工业机器人必须要克服的技术难题之一。因此，实现工业机器人的自主导航，能够有效提升工业生产效率。无人驾驶汽车与工业机器人自主导航的原理一致，在感受到障碍物时，需要及时规避，并且在建筑区域中能够自主地完成倒车入库；面对紧急的情况，还能够做到及时地停止操作。

3. 环境感知和传感技术

在研发工业机器人技术时，应该不断地提升环境的感知能力及传感能力，使机器人在不确定的状况下完成自动化操作。首先，工业机器人能够感知到环境设备的实际进展，并且能够对零部件的生产状况进行检测。在此过程中，非入侵性的生物感知器是需要克服的难题。除此之外，在未来还会出现更多的小批量工业生产机器人以及其他生产者，因此应该在动态环境下使工业机器人完成非结构性的感知。3D 环境感知技术是需要克服的难题。

4. 人机交互技术

工业机器人实现人机交互是开展智能化管理工作的基础。在人与机器人和谐工作的过程中，首先需要有效地确保人和机器人的安全；其次，应该积极地应对多元化处理操作及环境方面的适应性问题。在开展人机交互工作的过程中，安全问题是关键，需要按照用户的实际需求设计出个性化的机器人，确保人机交互过程中语言及手势处于自然状态。

5. 智能化程度

未来机器人智能化的程度更高。随着人工神经网络技术、计算机技术、模糊控制技术及专家系统技术的不断发展，在提升机器人工业知识的学习能力及应用知识解决问题的能力方面将会有明显的提升。与此同时，智能化技术的革新还会带来力觉、视觉及感觉等感官功能的提升，使机器人能够更好地感知环境的变化，从而具有更加高效的自主适应能力，甚至能够实现与人一样的工作状态。

6. 一体化技术

很多工业机器人的机身是细长轴向式腕关节或者是杠杆臂结构，并且安装了减速机、电机、编码器等部分，若能够有效地结合这几项设备，使机器人的所有管、线都处于不暴露的状态中，则可以呈现出一个防爆、防尘并且密封的一体化机身。

1.2　机器人的组成及分类

1.2.1　机器人的组成

机器人一般由机械系统、控制系统、驱动系统、感知系统四部分组成。

1. 机械系统

机械系统的作用相当于人的身体（手、臂、腿、骨骼等）。如图 1-1 所示，工业机器人的机械系统一般包括机座、臂部、手部、腕部等部分，每一部分都有若干个自由度，它们构成了一个多自由度的机械系统。

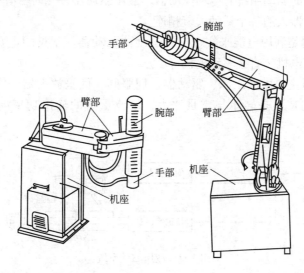

图 1-1　机器人的机械系统

（1）手部。手部称为抓取机构或夹持器，用于直接抓取工件或工具。若在手部安装专用工具，如焊枪、电钻、电动螺钉拧紧器等，就构成了专用的特殊手部。工业机器人手部有机械夹持式、真空吸附式、磁性吸附式等不同的结构形式。

（2）腕部。腕部是连接手部和手臂的部件，用以调整手部的姿态和方位。

（3）臂部。臂部是支撑手腕和手部的部件，由动力关节和连杆组成，用以承受工件或工具负荷。

（4）机座与立柱。机座与立柱是支撑整个机器人的基础部件，起到连接和支承的作用，控制机器人的活动范围或改变机器人的位置。

2. 控制系统

控制系统是机器人的大脑，控制与支配机器人按给定的程序动作，并记忆人们示教的指令信息，如动作顺序、运动轨迹、运动速度等，可再现控制所存储的示教信息。

机器人的控制系统如图 1-2 所示，主要是由控制器（处理器、关节控制器等）、传感器（内部传感器、外部传感器）、控制软件等构成，其中控制软件是各种算法，控制系统通过驱动装置和执行机构完成对工作对象的控制。

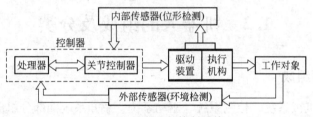

图 1-2　机器人的控制系统

3. 驱动系统

驱动系统是机器人执行作业的动力源，按照控制系统发出的控制指令驱动执行机构来完成规定的作业。常用的驱动系统有电动驱动器、液压驱动器、气动驱动器，其对应的执行元件通过传动机构与机器人的各个活动关节相连。

（1）电动驱动器是利用电能来实现旋转运动的驱动器。常见的主要有步进电机、直流伺服电机、交流伺服电机、直接驱动电机等。

（2）液压驱动器主要由液压源、驱动器、伺服阀、伺服放大器、位置传感器、控制器等构成。液压驱动的特点是转矩与重量比大，单位重量的输出功率高。液压驱动系统如图 1-3 所示。

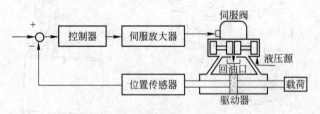

图 1-3　液压驱动系统

（3）气动驱动器由气压发生装置、控制元件、执行元件和辅助元件四个部分组成，如图 1-4 所示。

4. 感知系统

感知系统相当于人的感官和神经，通过附设的力、位移、触觉、视觉等不同的传感器，检测机器人的运动位置和工作状态，并随时反馈给控制系统，以便执行机构以一定的精度和速度达到设定的位置。

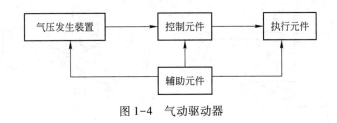

图 1-4　气动驱动器

1.2.2　机器人的分类

1. 按机器人发展时期分类

（1）第一代机器人——示教再现机器人。可以追溯到 20 世纪 70 年代，那时的机器人是固定的、非程序控制的、无感应器的电子机械设备，主要以示教再现的方式工作。

（2）第二代机器人——感知机器人。诞生于 20 世纪 80 年代，内置了感应器和由程序控制的控制器，带有外部传感器，可进行离线编程，能在传感系统支持下，具有不同程度的感知环境并自行修正程序的功能，通过反馈控制机器人能在一定程度上适应环境的变化。

（3）第三代机器人——智能机器人。这种机器人带有多种传感器，可以进行复杂的逻辑推理、判断及决策。在作业环境中能自我决策，独立工作，即按任务编程。第三代机器人目前还处于实验阶段。

2. 按机器人几何结构分类

（1）圆柱坐标型机器人。这类机器人在水平转台上装有立柱，其立柱安装在回转机座上，水平臂可以自由伸缩，并可沿立柱上下移动。其工作范围较大，运动速度较高，但随着水平臂沿水平方向的伸长，其线位移分辨精度越来越低。其机械臂如图 1-5（a）所示。

（2）直角坐标型机器人。这类机器人的手部在空间三个相互垂直的方向 x、y、z 上做移动运动，运动是独立的。其控制简单，运动直观性强，易达到高精度，定位精度高，但操作灵活性差，运动的速度较低，操作范围较小而占据的空间相对较大。其机械臂如图 1-5（b）所示。

（3）球坐标型机器人（也称极坐标型机器人）。由回转机座、俯仰铰链和伸缩臂组成，具有两个旋转轴和一个平移轴。工作臂不仅可绕垂直轴旋转，还可绕水平轴做俯仰运动，且能沿手臂轴线做伸缩运动。其操作比圆柱坐标型更为灵活，并能扩大机器人的工作空间，但旋转关节反映在末端执行器上的线位移分辨率是一个变量。其机械臂如图 1-5（c）所示。

（4）关节型机器人。这类机器人由多个关节连接的机座、大臂、小臂和手腕等构成，大小臂之间用铰链连接形成肘关节，大臂和立柱连接形成肩关节，大小臂既可在垂直于机座的平面内运动，也可实现绕垂直轴的转动。其操作灵活性最好，运动速度较高，操作范围大，但精度受手臂位姿的影响，实现高精度运动较困难。它能抓取靠近机座的物件，也能绕过机体和目标间的障碍物去抓取物件，具有较高的运动速度和极好的灵活性，成为最通用的机器人。其机械臂如图 1-5（d）所示。

3. 按机器人驱动方式分类

（1）气压驱动机器人。以压缩空气作为动力源驱动执行机构运动的机器人，具有动作迅速、结构简单、成本低廉的特点，适用于高速轻载、高温和粉尘大的环境作业。

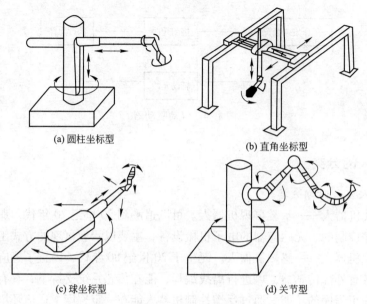

(a) 圆柱坐标型   (b) 直角坐标型

(c) 球坐标型   (d) 关节型

图 1-5   机器人机械臂

（2）液压驱动机器人。采用液压驱动，具有负载能力强、传动平稳、结构紧凑、动作灵敏的特点，适用于重载、低速驱动的场合。

（3）电气驱动机器人。用交流或直流伺服驱动的机器人。它不需要中间转换机构，机械结构简单，响应速度快，控制精度高。电气驱动是近年来常用的机器人驱动方式。

4. 按机器人应用环境分类

1）工业机器人

工业机器人是指面向工业领域的多关节机械手或多自由度机器人，主要应用于现代化的工厂和柔性加工系统中。当提到机器人时，许多人会想到它是有手、脚的人型机械。不过，这类机械人往往出现在科幻电影、娱乐场所、展览会和玩具店中，它们与工业用的机器人大不相同。

（1）搬运机器人。这种机器人用途很广，一般只需点位控制，即被搬运零件无严格的运动轨迹要求，只要求始点和终点位姿准确。例如，机床上用的上下料机器人、工件堆垛机器人。

（2）焊接机器人。这是目前使用最多的一类机器人。它又可分为点焊和弧焊两类，其中点焊机器人负荷大。

（3）装配机械人。装配机器人具有较高的位姿精度，手腕具有较大的柔性。目前大多用于机电产品的装配作业。

（4）喷涂机器人。这种机器人多用于喷漆生产线上，重复位姿精度要求不高。但由于漆雾易燃，一般采用液压驱动或交流伺服电机驱动。

（5）专门用途的机器人。如医用护理机器人、航天用机器人、探海用机器人及排险作业机器人等。

2）特种机器人

特种机器人是指除工业机器人之外，用于非制造业并服务于人类的各种先进机器人。

（1）服务机器人。这是指能在人类生活以及工业、农业生产中代替人的工作，从事家庭服务和社会服务的机器人。一般要求它能更完美地在人们生活的环境中与人共处。

（2）水下机器人。这是指在水下作业的机器人，具有足够的抗压能力和密封性能，可实现有人或无人操作。

（3）娱乐机器人。这是指具有某种程度的通用性的机器人，包括弹奏乐器的机器人、舞蹈机器人、玩具机器人等，也包括根据环境而改变动作的机器人。

（4）军用机器人。这是指满足各种国防和军事用途的机器人。一般要求它具有遥控、多操作、移动、感知和较高的智能。

（5）空间机器人。这是指用于空间作业的机器人，功率重量比大，能在失重状态下代替人完成任务。

（6）医疗机器人。这是指能够完成各种医疗操作和康复治疗的机器人，具有高可靠性、无污染操作等特点。

5. 按机器人控制方式分类

（1）点位控制。采用点位控制时，只要求机器人的手部处于正确的空间目标点上，而不管从一目标点到另一目标点的移动路径。这种控制方式简单，适用于上下料、点焊、卸运及在电路板上插接元器件等工作。

（2）连续路径控制。连续路径控制方式不仅要求机器人手部要以一定的精度到达空间目标点处，而且对运动路径也有一定的精度要求。这种控制方式常用于电弧焊、喷漆等工作。

1.3 机器人的应用准则及领域

机器人可代替或协助人类完成各种工作，凡是枯燥的、危险的、有毒的、有害的工作，都可由机器人完成。机器人除了广泛应用于制造业领域外，还应用于资源勘探开发、救灾排险、医疗服务、家庭娱乐、军事和航天等其他领域。机器人是重要生产和服务性设备，也是先进制造技术领域里不可缺少的自动化设备。

1. 应用准则

在设计和应用工业机器人时，应全面和均衡地考虑机器人的通用性、环境的适应性、耐久性、可靠性和经济性等因素。具体遵循的准则如下：

① 在恶劣的环境中应用机器人；

② 在生产率较低和生产质量落后的部门应用机器人；

③ 从长远考虑需要机器人；

④ 机器人的使用成本；

⑤ 应用机器人时需要人。

2. 应用步骤

在现代工业生产中，机器人一般都不是单机使用的，而是作为工业生产系统的一个组成部分来使用的。将机器人应用于生产系统的步骤如下。

（1）全面考虑并明确自动化要求。具体包括：提高劳动生产率，增加产量，减轻劳动强度，改善劳动条件，保障经济效益和社会就业率等问题。

（2）制订机器人化计划。在全面可靠的调查研究基础上，制订长期的机器人化计划，包括确定自动化目标、培训技术人员、编绘作业类别一览表、编制机器人化顺序表和大致日程表等。

（3）探讨使用机器人的条件。结合自身具备的生产系统条件，选用合适类型的机器人。

（4）对辅助作业和机器人性能进行标准化处理。辅助作业大致分为搬运型和操作型两种。根据不同的作业内容、复杂程度或与外围机械在共同任务中的关联性，使用的工业机器人的坐标系统、关节和自由度数、运动速度、作业范围、工作精度和承载能力等也不同，因此必须对机器人系统进行标准化处理工作。此外，还要判别各机器人分别具有哪些适于特定用途的性能，进行机器人性能及其表示方法的标准化工作。

（5）设计机器人化作业系统方案。设计并比较各种理想的、可行的或折中的机器人化作业系统方案，选定最符合使用要求的机器人及其配套设备来组成机器人化柔性综合作业系统。

（6）建立和选择适宜的机器人系统评价指标与方法。建立和选择适宜的机器人系统评价指标与方法，既要考虑到适应产品变化和生产计划变更的灵活性，又要兼顾目前和长远的经济效益。

（7）详细设计和具体实施。对选定的实施方案进行进一步详细的设计工作，并提出具体实施细则，交付执行。

3. 机器人的应用领域

1）工业机器人

制造工业机器人的目的主要在于消减人员编制和提高产品质量。与传统的机器相比，工业机器人有两大优点：生产过程几乎完全自动化和生产设备高适应能力。现在工业机器人主要应用于汽车工业、机电工业、通用机械工业、建筑业、金属加工、铸造及其他重型工业和轻工业部门。在农业方面，已把机器人用于水果和蔬菜嫁接、收获、检验与分类等。

2）探索机器人

机器人对于探索的应用，即在恶劣或不适于人类工作的环境中执行任务。目前主要有两种探索机器人：自主机器人和遥控机器人。自主机器人一直是人类的研究难题，多自主机器人协作是机器人学中的一个研究热点；遥控机器人已经得到广泛的应用，其中最为出名的是水下机器人和空间机器人。随着海洋事业的发展，一般潜水技术已经无法适应高深度综合考察和研究并完成多种作业的需要，水下机器人可以代替人类在深海中进行探索。空间机器人主要任务分为两大方面：

① 在月球、火星及其他星球等非人居住条件下完成各种勘探任务；

② 在宇宙空间代替宇航员做卫星的服务（主要是捕捉、修理和补给能量）、空间站上的服务及空间环境的应用试验等。

3）服务机器人

服务机器人用来为病人看病、护理病人和协助病残人员康复，能够改善伤残疾病人员的状态，以及改善瘫痪者和被截肢者的生活条件。服务机器人已经应用于下列几个方面。

（1）诊断机器人。这是配备医疗诊断专家系统的机器人。

（2）护理机器人。这是一些具有丰富护理经验的机器人护士或护师。

（3）伤残瘫痪康复机器人。这包括假肢、矫形及遥控等技术。

（4）家用机器人。机器人已经开始进入家庭和办公室，用于替代人类从事清扫、洗刷、守卫、煮饭、照料小孩、接待、接电话、打印文件等。酒店售货机器人和餐厅服务机器人、炊事机器人和机器人保姆已经不再是一种幻想。

（5）娱乐机器人。这包括文娱歌舞和体育机器人。

此外，医疗手术机器人近几年有很大突破。

4）军事机器人

军事机器人分为三大类。

（1）地面军用机器人。地面军用机器人分为两类：一类是智能机器人，包括自主和半自主车辆；另一类是遥控机器人，即各种用途的遥控无人驾驶车辆。

（2）海洋军用机器人。海洋军用机器人可以组成一个独立的水下机器人分队，这支由水下机器人组成的分队可以在全世界海域进行搜索、定位、援救和回收工作。水下机器人在海军中的另一主要任务是扫雷，可以用来发现、分类、排除水下残物等。法国军用扫雷机器人一直处于世界领先地位。

（3）空间军用机器人。无人机和其他空间机器人都称为空间军用机器人。微型飞机用于填补军用卫星和侦察机无法到达的盲区，为前线指挥员提供小范围内的具体敌情。

1.4　机器人的发展趋势

1. 国内发展趋势

我国从 20 世纪 80 年代"七五"科技攻关开始起步，在国家的支持下，通过科技攻关，目前已基本掌握了机器人操作机的设计制造技术、控制系统硬件和软件设计技术、运动学和轨迹规划技术，生产了部分机器人关键元器件，开发出喷漆、弧焊、点焊、装配、搬运等机器人。我国的智能机器人和特种机器人在国家科技计划的支持下，也取得了不少成果。其中，最为突出的是水下机器人，深水无缆机器人的成果居世界领先水平，还开发出直接遥控机器人、双臂协调控制机器人、爬壁机器人、管道机器人等机种。在机器人视觉、力觉、触觉、声觉等基础技术的开发应用上开展了不少工作，有了一定的发展基础。

2. 国外发展趋势

（1）机械结构向模块化、可重构化发展。

（2）工业机器人控制系统向基于 PC 机的开放型控制器方向发展，便于标准化、网络化；器件集成度提高，控制柜日渐小巧，且采用模块化结构，大大提高了系统的可靠性、易操作性和可维修性。

（3）机器人中的传感器作用日益重要。除采用传统的位置、速度、加速度等传感器外，装配机器人、焊接机器人还应用了视觉、力觉等传感器，而遥控机器人则采用视觉、声觉、力觉、触觉等多传感器的融合技术来进行环境建模及决策控制。多传感器融合配置技术在产品化系统中已有成熟应用。

（4）虚拟现实技术在机器人中的作用已从仿真、预演发展到用于过程控制，如使遥控机器人操作者产生置身于远端作业环境中的感觉来操纵机器人。

（5）当代遥控机器人系统的发展特点不是追求全自治系统，而是致力于操作者与机器人的人机交互控制，即遥控加局部自主系统构成完整的监控遥控操作系统，使智能机器人走出实验室进入实用化阶段。

（6）机器人化机械开始兴起。

3．机器人学科的发展趋势

目前国际机器人学术界都在加大科研力度，进行机器人共性技术的研究，并朝着智能化和多样化方向发展。主要研究内容集中在以下 10 个方面。

（1）工业机器人操作机结构的优化设计技术。探索新的高强度轻质材料，进一步提高负载自重比，同时机构向着模块化、可重构方向发展。

（2）机器人控制技术。重点研究开放式、模块化控制系统，人机界面更加友好，语言、图形编程界面更加简单，易操作。机器人控制器的标准化和网络化，是基于 PC 机网络式控制器的研制而成。编程技术除进一步提高在线编程的可操作性之外，离线编程的实用化将成为研究重点。

（3）多传感系统。为进一步提高机器人的智能和适应性，多种传感器的使用是其问题解决的关键。其研究热点在于有效可行的多传感器融合算法，特别是在非线性及非平稳、非正态分布的情形下的多传感器融合算法。

（4）机器人的结构灵巧，控制系统越来越小，二者正朝着一体化方向发展。

（5）机器人遥控及监控技术。机器人半自主和自主技术、多机器人和操作者之间的协调控制，通过网络建立大范围内的机器人遥控系统，在有时延的情况下，建立预先显示进行遥控等。

（6）虚拟机器人技术。基于多传感器、多媒体和虚拟现实及临场感技术，实现机器人的虚拟遥控操作和人机交互。虚拟现实技术在机器人的作用已从仿真、预演发展到用于过程控制。

（7）多智能体控制技术。这是目前机器人研究的一个崭新领域。主要对多智能体的群体体系结构、相互间的通信与磋商机理、感知与学习方法、建模和规划、群体行为控制等方面进行研究。

（8）小型机器人技术。这是机器人研究的一个新的领域和重点发展方向。过去的研究在该领域几乎空白，该领域研究的进展将会引起机器人技术的一场革命，并且对社会进步和人类活动的各个方面产生不可估量的影响。小型机器人技术的研究主要集中在系统结构、运动方式、控制方法、传感技术、通信技术及行走技术等方面。

（9）软机器人技术。软机器人技术主要用于医疗、护理、休闲和娱乐场合。传统机器人设计未考虑与人紧密共处，因此其结构材料多为金属或硬性材料。软机器人技术要求其结构、控制方式和所用传感系统在机器人意外地与环境或人碰撞时是安全的，机器人对人是友好的。

（10）仿人和仿生技术。这是机器人技术发展的最高境界，目前仅在某些方面进行一些基础研究。

第 2 章　机器人的机械结构

2.1　机器人的组成结构

机器人由手部、手腕（腕部）、手臂（臂部）、机座（机身）四部分组成。若机座具备行走机构，则构成行走机器人；若机座不具备行走及腰转机构，则构成单机器人臂。手臂一般包括上臂（小臂）和下臂（大臂）两部分。手部是直接装在手腕上的重要部件，它可以是二手指或多手指的手爪，也可以是喷漆枪、焊具等作业工具。机器人的机械结构如图 2-1 所示。

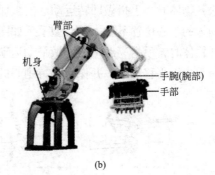

图 2-1　机器人的机械结构

2.1.1　手部

工业机器人的手部也称为手爪或末端执行（操作）器，它直接装在工业机器人的手腕上，用于夹持工件或让工具按照规定的程序完成指定的工作。手部对整个机器人完成任务的好坏起着关键的作用，它直接关系着夹持工件时的定位精度、夹持力的大小等。工业机器人的手部通常是专用装置，一种手爪往往只能抓住一种或几种在形状、尺寸、重量等方面相近的工件，并且一种工具只能执行一种作业任务。

机器人手部一般由驱动机构、传动机构、手指组成。其功能主要有：抓住工件，握持工件，释放工件。抓住是指在给定的目标位置和期望姿态上抓住工件，工件在手抓内必须具有可靠的定位，保持工件与手爪之间准确的相对位姿，并保证机器人后续作业的准确性；握持是指确保工件在搬运过程中或零件在装配过程中位置和姿态的准确性；释放是指在指定点上除去手爪和工件之间的约束关系。

工业机器人手部是一个独立的部件，手部的特点如下。

（1）手部与手腕处有可拆卸的机械接口。根据夹持对象的不同，手部结构会有差异，通常一个机器人配有多个手部装置或工具，因此要求手部与手腕处的接头具有通用性和互换性。

（2）手部可能有一些电、气、液的接口。这是由手部驱动方式不同造成的，因此这些部件的接口要求具有互换性。

（3）手部是工业机器人末端操作器，它可以是像人手那样具有手指，也可以不具备手指，而是进行专业作业的工具。

（4）手部的通用性比较差。手部属于专用的装置，一种手爪往往只能抓握一种或几种在形状、尺寸、重量等方面相近的工件。

（5）一种末端操作器只能执行一种作业任务。

设计工业机器人手部时，要求：具有足够的夹持力；保证适当的夹持精度，即手指应能顺应被夹持工件的形状，应对被夹持工件形成所要求的约束；考虑手部自身的大小、形状、机构和运动自由度，即根据作业对象的大小、形状、位置、姿态、重量、硬度和表面质量等来综合考虑。智能化手部还应配有相应的传感器，即由于感知手爪和物体之间的接触状态、物体表面状况和夹持力的大小等，以便根据实际工况进行调整等。

手爪的运行形式有三种，分别是回转型、平动型、平移型。回转型手爪如图 2-2 所示，当手爪夹紧和松开物体时，手指做回转运动。当被抓物体的直径大小变化时，需要调整手爪的位置才能保持物体的中心位置不变。平动型手爪如图 2-3 所示，手指由平行四杆机构传动，当手爪夹紧和松开物体时，手指姿态不变，做平动运动。平移型手爪如图 2-4 所示，当手爪夹紧和松开工件时，手指做平移运动，并保持夹持中心的位置固定不变，不受工件直径变化的影响。

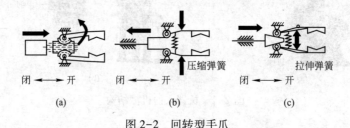

图 2-2　回转型手爪

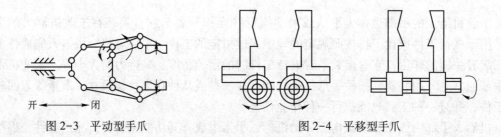

图 2-3　平动型手爪　　　　　　图 2-4　平移型手爪

机器人的手部是最重要的执行机构。从功能和形态上看，机器人的手部可分为工业机器人的手部和仿人机器人的手部。常用的手部按其握持原理可以分为夹持类和吸附类两大类（详见 7.4.2 节）。

2.1.2　手腕（腕部）

手腕（腕部）是臂部和手部的连接件，支撑手部和改变手部姿态，主要作用是改变手部的空间方向以及将作业载荷传递到手臂。手腕结构的设计要满足传动灵活、结构紧凑、轻巧，避免干涉。机器人多数将手腕结构的驱动部分安排在小臂上，几个电机的运动传递到同轴旋转的心轴和多层套筒上去，运动传入手腕后再分别实现各个动作。

为了使手部能处于空间任意的作业方向，需要手腕能实现对空间三个坐标轴 X、Y、Z 的旋转运动，分别称为回转 R（roll）、俯仰 P（pitch）、偏转 Y（yaw），如图 2-5 所示。当然，并不是所有的手腕都必须具备三个旋转运动，而是根据实际使用的工作性能要求来确定。

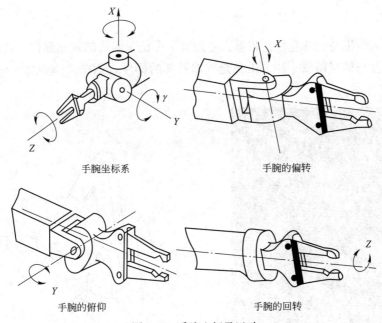

图 2-5　手腕坐标及运动

手腕结构多为上述三个回转方式的组合，组合的方式可以有多种形式。手腕结构如图 2-6 所示。

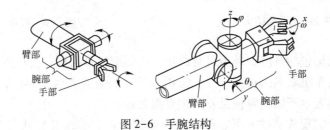

图 2-6　手腕结构

2.1.3　手臂

手臂是连接机身和手腕的部分，主要作用是改变手部的空间位置，将被抓取的工件运送到给定的位置上，满足机器人的作业空间，并将各种载荷传递到机座。手臂结构如图 2-7 所示。

　　手臂是机器人的主要执行部件，它的作用是支撑手腕和手部，并带动它们在空间运动。机器人的手臂运动主要包括伸缩、回转、升降运动。手臂回转和升降运动是通过机座的立柱实现的，立柱的横向移动即为手臂的横移。

　　手臂的各种运动通常由驱动机构和各种传动机构来实现，它不仅仅承受被抓取工件的重量，而且承受末端执行器、手腕和手臂自身的重量。

　　手臂的结构、工作范围、灵活性、抓重大小（即臂力）和定位精度都直接影响机器人的工作性能。

2.1.4　机身

　　工业机器人的机身也称立柱，机器人必须有一个便于安装的基础部件，这就是机器人的机座。机座往往与机身做成一体，机身是支撑臂部的部件，如图 2-8 所示（图中字母为关节转角）。

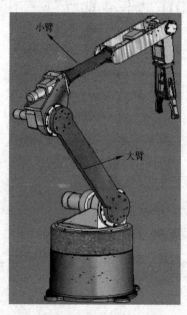

图 2-7　手臂结构

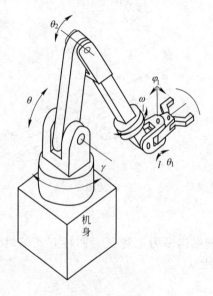

图 2-8　机身

　　常用的机身结构包括升降回转型机身结构、俯仰型机身结构、直移型机身结构、类人机器人机身结构。由于机器人的运动形式、使用条件、负载能力各不相同，采用的驱动装置、传动机构、导向装置也不同，致使机身结构有很大差异。

　　一般情况下，实现臂部的升降、回转或俯仰等运动的驱动装置或传动件都安装在机身上。手部的运动越多，机身的结构和受力越复杂。

　　机器人机械机构的功能是实现机器人的运动机能，完成规定的各种操作。

　　机身和臂部的配置形式基本上反映了机器人的总体布局。由于机器人的运动要求、工作对象、作业环境和场地等因素的不同，出现了各种不同的配置形式。目前常用的形式有横梁式、立柱式、机座式、屈伸式。

　　（1）横梁式。机身设计成横梁式，用于悬挂手臂部件。横梁式配置通常分为单臂悬挂式和双臂悬挂式两种，如图 2-9 所示。这类机器人的运动形式大多为移动式，占地面积小，能有效利用空间及比较直观等。横梁可设计成固定的或行走的，一般横梁安装在厂房原有建筑的柱梁或有关设备上，也可从地面架设。

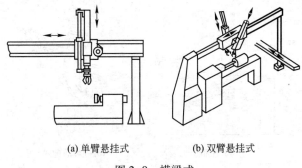

(a) 单臂悬挂式　　　　(b) 双臂悬挂式

图 2-9　横梁式

（2）立柱式。立柱式机器人多采用回转型、俯仰型或屈伸型的运动形式，是一种常见的配置形式。立柱式配置通常分为单臂式和双臂式两种，如图 2-10 所示。一般臂部都可在水平面内回转，占地面积小且工作范围大。立柱可以固定安装在空地上，也可以固定在床身上。立柱式机器人结构简单，服务于某种主机，承担上下料或转运等工作。

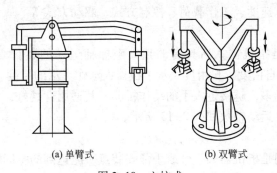

(a) 单臂式　　　　(b) 双臂式

图 2-10　立柱式

（3）机座式。机身设计成机座式。这种机器人可以是独立的、自成系统的完整装置，可以随意安放和搬动；也可以具有行走机构，如沿地面上的专用轨道移动，以扩大其活动范围。各种运动形式均可设计成机座式，机座式配置通常分为单臂回转式、双臂回转式和多臂回转式，如图 2-11 所示。

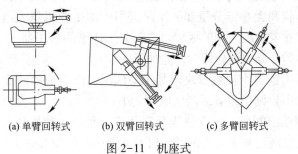

(a) 单臂回转式　　　(b) 双臂回转式　　　(c) 多臂回转式

图 2-11　机座式

（4）屈伸式。屈伸式机器人的臂部由大小臂组成，大小臂间有相对运动，称为屈伸臂。屈伸臂与机身间的配置形式关系到机器人的运动轨迹，可以实现平面运动，也可以做空间运动，如图 2-12 所示。

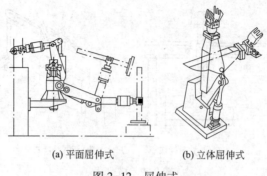

(a) 平面屈伸式   (b) 立体屈伸式

图 2-12　屈伸式

2.2　机器人主要参数

由于机器人的结构、用途和用户要求的不同，机器人的参数也不同。机器人参数包括自由度、工作空间、工作速度、工作载荷、控制方式、驱动方式等。

1. 自由度

机器人的自由度是指机器人所具有的独立坐标轴运动的数目，但是一般不包括手部（末端操作器）的开合自由度。自由度表示了机器人动作灵活的尺度。

机器人的自由度越多，越接近人手的动作机能，其通用性越好；但是自由度越多结构也越复杂。典型机器人的运动轴数如图 2-13 所示。

2. 工作空间

机器人的工作空间是指机器人手臂或手部安装点所能达到的空间区域。工作空间的形状和大小反映了机器人工作能力的大小，如图 2-14 所示。对于机器人工作空间，有以下几点说明。

（1）因为末端操作器的尺寸和形状是多种多样的，通常工业机器人说明书中表示的工作空间指的是手腕上机械接口坐标系的原点在空间能达到的范围，即手腕端部法兰的中心点在空间所能到达的范围，而不是末端执行器端点所能达到的范围。

（2）机器人说明书上提供的工作空间往往要小于运动学意义上的最大空间。这是因为机器人工作范围的形状和大小十分重要，实际应用中的工业机器人由于受到机械结构的限制，在工作空间内存在着不能达到的区域。这部分工作空间在机器人工作时都不能被利用，此时的机器人位姿称为奇异位形，即为作业死区。

（3）机器人所具有的自由度数目决定其运动区域，而自由度的变化量（即直线运动的距离和回转角度的大小）则决定着运动区域的大小。

（4）在机器人可达空间中，手臂位姿有效负载、允许达到的最大速度和最大加速度都不一样，在最大可达空间边界上允许的极限值通常要比其他位置的小些。

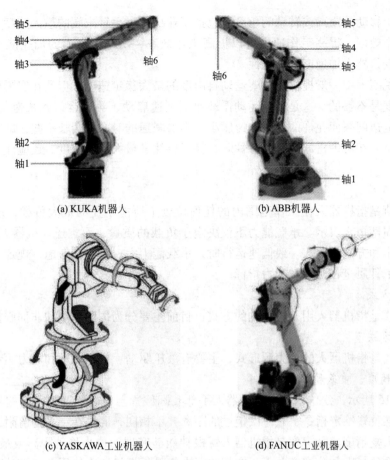

(a) KUKA机器人　　　　　　　　　(b) ABB机器人

(c) YASKAWA工业机器人　　　　　(d) FANUC工业机器人

图 2-13　典型机器人的运动轴数

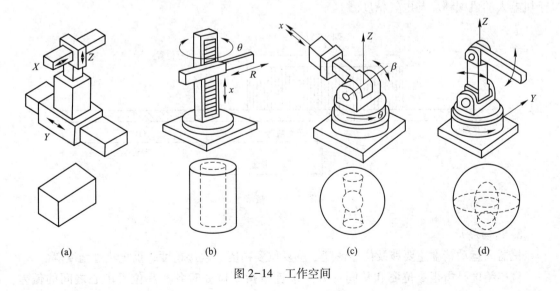

(a)　　　　　　(b)　　　　　　(c)　　　　　　(d)

图 2-14　工作空间

3. 工作速度

工作速度是指机器人在工作载荷条件下匀速运动过程中，机械接口中心或工具中心点在单位时间内所移动的距离或转动的角度，包括工业机器人手臂末端的最大速度。工作速度直接影响到工作效率，提高工作速度可以提高工作效率，所以机器人的加速能力显得尤为重要，需要保证机器人加速度的平稳性。

机器人说明书中一般提供了主要运动自由度的最大稳定速度，但是在实际应用中仅考虑最大稳定速度是不够的。这是因为运动循环包括加速启动、等速运行和减速制动三个过程。如果最大稳定速度高而允许的极限加速度小，则加减速的时间就会长一些，即有效速度就要低一些。所以，在考虑机器人运动特性时，除了要注意最大稳定速度，还应注意其最大允许的加速度。

4. 工作载荷

工作载荷是指机器人在工作范围内的任何位姿上所能承受的最大负载，通常可以用质量、力矩、惯性矩来表示。承载能力不仅决定于负载的质量，而且还与机器人运行的速度、加速度的大小和方向有关。一般低速运行时，承载能力大。为安全考虑，规定在高速运行时所能抓起的工件质量作为承载能力指标。

5. 控制方式

控制方式是指机器人用于控制轴的方式，目前主要分为伺服控制和非伺服控制。

6. 驱动方式

驱动方式是指机器人的动力源形式，主要有液压驱动、气压驱动和电力驱动等方式。

7. 定位精度、重复精度、分辨率

如图 2-15 所示，定位精度是指机器人手部实际位置与目标位置之间的差异。如果机器人重复执行某位置给定指令，它每次走过的距离并不相同，而是在一平均值附近变化，变化的幅度代表重复精度。分辨率是指机器人每根轴能够实现的最小移动距离或最小转动角度。定位精度、重复精度和分辨率并不一定相关，它们是根据机器人使用要求设计确定的，取决于机器人的机械精度与电气精度。

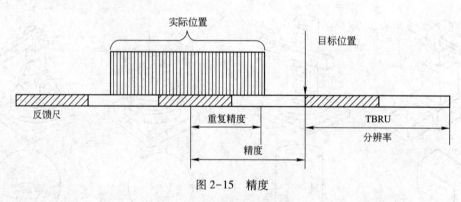

图 2-15 精度

8. 运动精度

机器人运动精度主要涉及位姿精度、重复位姿精度、轨迹精度、重复轨迹精度等。

位姿精度是指指令位姿和从同一方向接近该指令位姿时各实际位置中心之间的偏差。重复位姿精度是指对同指令位姿从同一方向重复响应 n 次后实际位姿的不一致程度。

轨迹精度是指机器人机械接口从同一方向 n 次跟随指令轨迹的接近程度。

重复轨迹精度是指对一给定轨迹在同方向跟随 n 次后实际轨迹之间的不一致程度。

9. 末端执行器

末端执行器位于机器人手腕的末端，是直接执行工作要求的装置，如灵巧手、夹持器等。

10. 位姿

机器人末端执行器在指定坐标系中的位置和姿态。

11. 协调控制

协调多个手臂或多台机器人同时进行某种作业的控制。

12. 机器人的坐标

1）直角坐标/笛卡尔坐标/台架型（3P）

直角坐标型机器人的工作空间示意图如图 2-16 所示。优点是很容易通过计算机控制实现，容易达到高精度；缺点是妨碍工作，且占地面积大，运动速度低，密封性不好。

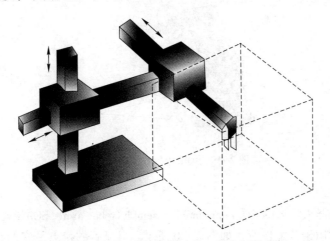

图 2-16　直角坐标型机器人的工作空间示意图

2）圆柱坐标型（R2P）

圆柱坐标型机器人的工作空间如图 2-17 所示。优点是计算简单，直线部分可采用液压驱动，可输出较大的动力，能够伸入型腔式机器内部；缺点是它的手臂可以到达的空间受到限制，不能到达近立柱或近地面的空间，直线驱动部分难以密封、防尘，后臂工作时手臂后端会碰到工作范围内的其他物体。

3）球坐标型（2RP）

球坐标型机器人的工作空间如图 2-18 所示。优点是中心支架附近的工作范围大，两个转动驱动装置容易密封，覆盖工作空间较大；缺点是该坐标复杂，难以控制，且直线驱动装置仍存在密封及工作死区的问题。

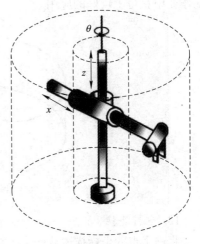

图 2-17　圆柱坐标型机器人的工作空间

4）关节坐标型/拟人型（3R）

关节坐标型机器人的关节全都是旋转的，如图 2-19 所示。关节类似于人的手臂，是工业机器人中最常见的结构。它的工作范围较为复杂。

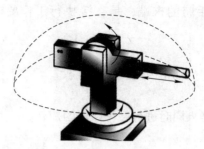

图 2-18　球坐标型机器人的工作空间

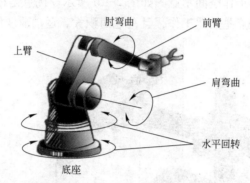

图 2-19　关节坐标型工业机器人

5) 平面关节型

平面关节型机器人（selective compliance assembly robot arm，SCARA，应用于装配作业的机器人手臂）常用于装配作业，如图 2-20 所示。最显著的特点是它们在 x-y 平面上的运动具有较大的柔性，而沿 z 轴具有很强的刚性，所以它具有选择性的柔性。这种机器人在装配作业中获得了较好的应用。

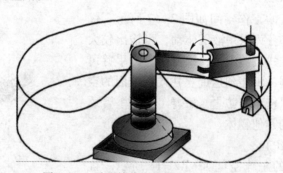

图 2-20　平面关节型机器人的工作空间

13. 坐标变换

将一个点的坐标描述从一个坐标系转换到另一个坐标系下描述的过程。

14. 机器人杆件

操作机由一串转动或平移（棱柱形）关节连接的刚体（杆件）组成，每一对关节杆件构成一个自由度，因此 N 个自由度的操作机就有 N 对关节-杆件，如图 2-21 所示。

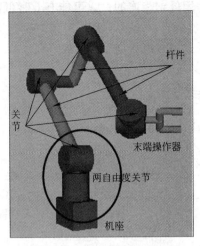

图 2-21　机器人杆件示意图

0 号杆件（一般不把它当作机器人的一部分）固定在机座上，通常在这里建立一个固定参考坐标系，最后一个杆件与工具相连。

关节和杆件均由机座向外顺序排列，每个杆件最多和另外两个杆件相连，不构成闭环。

2.3　机器人基本术语与图形符号

2.3.1　机器人基本术语

1. 关节

关节即运动副，是允许机器人手臂各零件之间发生相对运动的机构，也是两构件直接接触并能产生相对运动的活动连接。如图 2-22 所示，A、B 两部件可以做互动连接。关节分为回转关节、移动关节、圆柱关节、球关节。

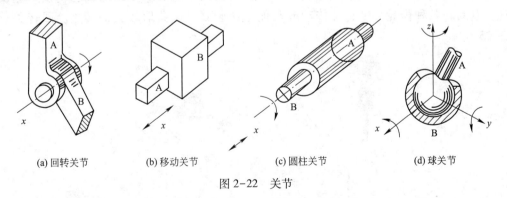

(a) 回转关节　　　　(b) 移动关节　　　　(c) 圆柱关节　　　　(d) 球关节

图 2-22　关节

高副机构简称高副，是指运动机构的两构件通过点或线的接触而构成的运动副。例如：齿轮副和凸轮副就属于高副机构。平面高副机构拥有两个自由度，即相对接触面切线方向的移动和相对接触点的转动。相对而言，通过面的接触而构成的运动副叫作低副机构。

一般来说，两个杆件间是用低副相连的，只可能有6种低副关节：旋转（转动）、棱柱形（移动）、柱形、球形、螺旋形、平面低副关节，其中只有旋转关节和棱柱形关节是串联机器人操作机常见的。各种低副关节形状如图2-23所示。

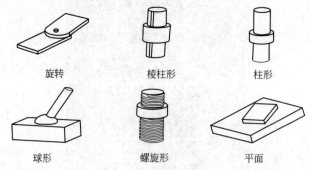

旋转　　　　　棱柱形　　　　　柱形

球形　　　　　螺旋形　　　　　平面

图2-23　低副关节形状

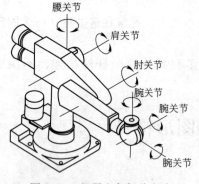

图2-24　机器人各部分名称

一个关节系统包括驱动器、传动器和控制器，属于机器人的基础部件，是整个机器人伺服系统中的一个重要环节，其结构、重量、尺寸对机器人性能有直接影响。

机器人各部分名称如图2-24所示。肩关节、肘关节承受很大扭矩（肩关节同时承受来自平衡装置的弯矩）且具有较高的运动精度和刚度，多采用高刚性的减速机传动。腰关节为回转关节，既承受很大的轴向力、径向力，又承受倾覆力矩，具有较高的运动精度和刚度。

1）回转关节

回转关节又称回转副、旋转关节，是指使连接两杆件的组件中的一件相对于另一件绕固定轴线转动的关节。两个构件之间只做相对转动的运动副，如手臂与机座、手臂与手腕，实现相对回转或摆动。回转关节由驱动器、回转轴和轴承组成。多数电机能直接产生旋转运动，但常需各种齿轮、链、带传动或其他减速装置，以获取较大的转矩。回转关节如图2-25所示。

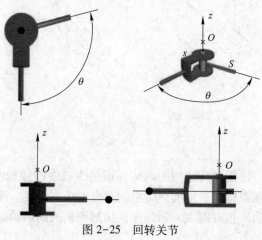

图2-25　回转关节

2）移动关节

移动关节又称移动副、滑动关节、棱柱形关节，是指使连接两杆件的组件中的一件相对于另一件做直线运动的关节，两个构件之间只做相对移动。它采用直线驱动方式传递运动，包括直角坐标结构的驱动、圆柱坐标结构的径向驱动和垂直升降驱动极坐标结构的径向伸缩驱动。移动关节如图 2-26 所示。

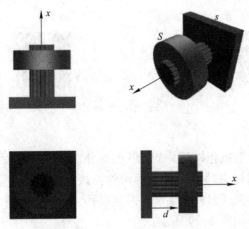

图 2-26　移动关节

3）圆柱关节

圆柱关节又称回转移动副、分布关节，是指使连接两杆件的组件中的一件相对于另一件移动或绕一个移动轴线转动的关节，两个构件之间除了做相对转动之外，还可以同时做相对移动。圆柱关节如图 2-27 所示。

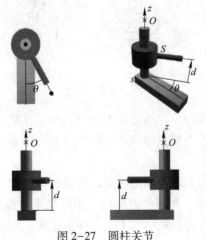

图 2-27　圆柱关节

4）球关节

球关节又称为球面副，是使连接两杆件间的组件中的一件相对于另一件在三个自由度上绕一固定点转动的关节，即组成运动副的两构件能绕一球心做三个独立的相对转动的运动副。球关节如图 2-28 所示。

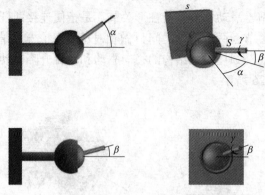

图 2-28 球关节

2. 连杆

连杆是指机器人手臂上被相邻两关节分开的部分，是保持各关节间固定关系的刚体，是机械连杆机构中两端分别与主动构件和从动构件铰接以传递运动和力的杆件。连杆多为钢件，其主体部分的截面多为圆形或工字形，两端有孔，孔内装有青铜衬套或滚针轴承，供装入轴销而构成铰接。连杆如图 2-29 所示。

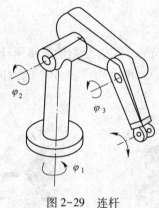

图 2-29 连杆

连杆是机器人中的重要部件，它连接着关节，其作用是将一种运动形式转变为另一种运动形式，并把作用在主动构件上的力传给从动构件以输出功率。

3. 刚度

刚度是机器人机身或臂部在外力作用下抵抗变形的能力。它用外力和在外力作用方向上的变形量（位移）之比来度量。在弹性范围内，刚度是零件载荷与位移成正比的比例系数，即引起单位位移所需的力。它的倒数称为柔度，即单位力引起的位移。刚度可分为静刚度和动刚度。

在任何力的作用下，体积和形状都不发生改变的物体叫作刚体。在物理学上，理想的刚体是一个固体的、尺寸值有限的、形变情况可以被忽略的物体。不论是否受力，在刚体内任意两点的距离都不会改变。在运动中，刚体任意一条直线在各个时刻的位置都保持平行。

2.3.2　机器人图形符号

1. 运动副的图形符号

常用的运动副图形符号如表 2-1 所示。

表 2-1　常用的运动副图形符号

运动副名称		运动副符号	
		两运动构件构成的运动副	两构件之一为固定时的运动副
平面运动副	转动副	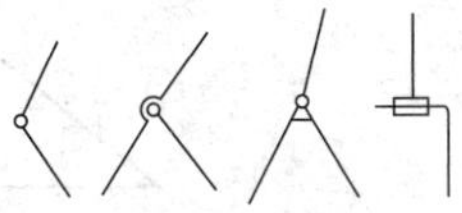	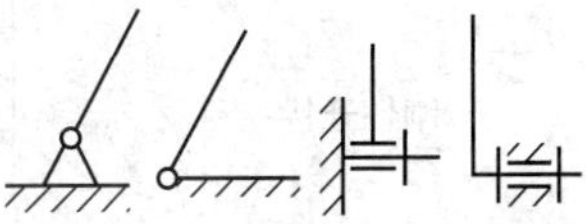
	移动副	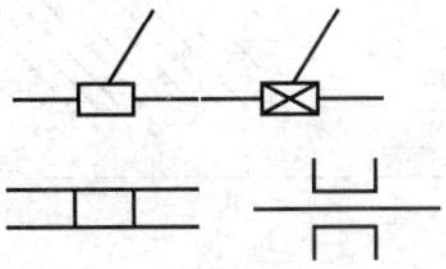	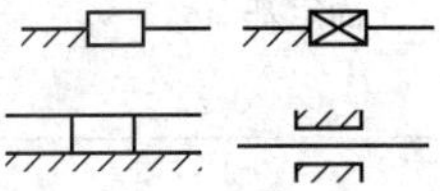
	平面高副		
空间运动副	螺旋副	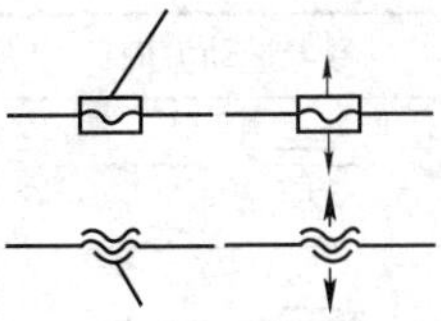	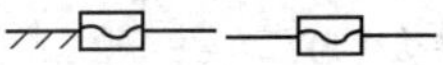
	球面副或球销副	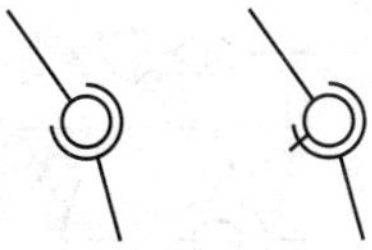	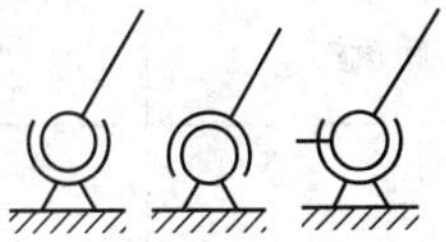

2. 基本运动的图形符号

常用的基本运动图形符号如表 2-2 所示。

表 2-2　常用的基本运动图形符号

名称	符号	
直线运动方向	→ 单向	←→ 双向

名称	符号
旋转运动方向	单向　　　　　双向
连杆、轴关节的轴	
刚性连接	
固定基础	
机械联锁	

3. 运动机能的图形符号

常用的运动机能图形符号如表 2-3 所示。

表 2-3　常用的运动机能图形符号

名称	图形符号	参考运动方向	备注
移动（1）			
移动（2）			
回转机构			
旋转（1）			
旋转（2）			

名称	图形符号	参考运动方向	备注
差动齿轮			
球关节			
据持			
保持			包括已成为工具的装置。工业机器人的工具此处未做规定
机座			
轴套式关节	2		
球关节	3		
末端操作器		一般型 熔接 真空吸引	用途示例

4. 运动机构的图形符号

常用的运动机构图形符号如表2-4所示。

表2-4　常用的运动机构图形符号

名称	自由度	符号	参考运动方向	备注
直线运动关节（1）	1			
直线运动关节（2）	1			
旋转运动关节（1）	1			

名称	自由度	符号	参考运动方向	备注
旋转运动关节（2）	1			平面
	1			立体

5. 串联坐标机器人的机构简图

机器人的机构简图是描述机器人组成机构的直观图形表达形式，可以将机器人的各个运动部件用简便的符号和图形表达出来。常见的串联机器人的机构图及其机构简图如表2-5所示，此图可用表2-4图形符号体系中的文字与代号表示。

表2-5　常见的串联机器人的机构图及其机构简图

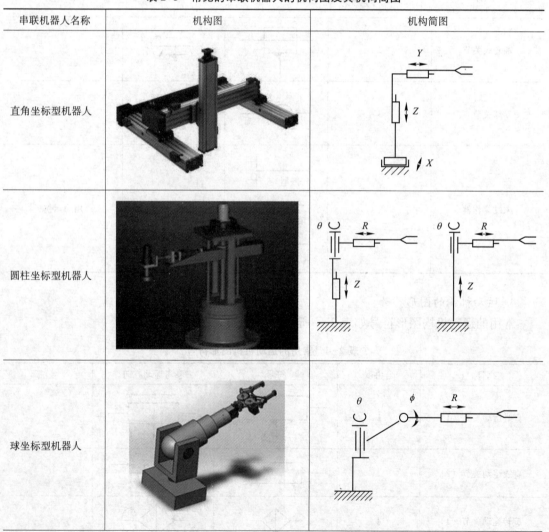

串联机器人名称	机构图	机构简图
直角坐标型机器人		
圆柱坐标型机器人		
球坐标型机器人		

串联机器人名称	机构图	机构简图
关节坐标型机器人	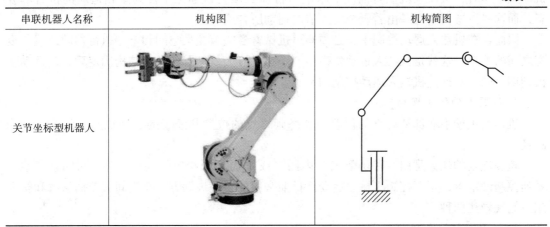	

2.3.3　机器人运动原理图

机器人运动原理图是描述机器人运动的直观图形表达形式，是将机器人的运动功能原理用简便的符号和图形表达出来。机器人运动原理图可用上述图形符号体系中的文字与代号表示。

机器人运动原理图是建立机器人坐标系、运动和动力方程式、设计机器人传动原理图的基础，也是学习使用机器人最有效的工具。

如图 2-30 所示，机构运动示意图可以简化为机构运动原理图，以明确主要因素。

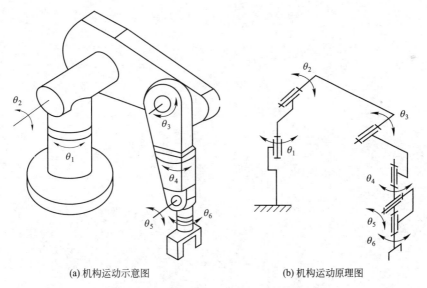

(a) 机构运动示意图　　　　　(b) 机构运动原理图

图 2-30　机构运动示意图和机构运动原理图

1. 机器人机械臂的运动

机器人的机械臂是由数个刚性杆体和旋转或移动的关节连接而成的。它是一个开环关节链，开环关节链的一端固接在机座上；另一端是自由的，安装着末端执行器（如焊枪），在机器人工作时，机器人机械臂前端的末端执行器必须与被加工工件处于相适应的位置和姿态，而这些位置和姿态是由若干个臂关节的运动所合成的。

因此，在机器人运动控制中，必须知道机械臂各关节变量空间和末端执行器的位置与姿态之间的关系，这就是机器人运动学模型。一台机器人机械臂的几何结构确定后，其运动学模型即可确定，这是机器人运动控制的基础。

2. 机器人的轨迹规划

机器人机械手端部从起点的位置与姿态到终点的位置和姿态的运动轨迹空间曲线称为路径。

轨迹规划的任务是用一种函数来"内插"或"逼近"给定的路径，并沿时间轴产生一系列控制设定点，用于控制机械手运动。目前常用的轨迹规划方法有空间关节插值法和笛卡尔空间规划法两种。

3. 机器人机械手的控制

当一台机器人机械手的动态运动方程已给定，它的控制目的就是按预定性能要求保持机械手的动态响应。但是由于机器人机械手的惯性力、耦合反应力和重力负载都随运动空间的变化而变化，因此要对它进行高精度、高速度、高动态品质的控制是相当复杂而困难的。

目前工业机器人上采用的控制方法是把机械手上每一个关节都当作一个单独的伺服机构，即把一个非线性的、关节间耦合的变负载系统简化为线性的、非耦合单独系统。

第 3 章　机器人的机械运动

3.1　机器人轨迹规划

机器人轨迹规划属于低层规划，不涉及人工智能问题，而是在机械手运动学和动力学的基础上，研究在关节空间、笛卡尔空间中机器人运动的轨迹规划和轨迹生成方法。

3.1.1　机器人轨迹的概念

机械手由初始点（位置和姿态）运动到终止点经过的空间曲线称为路径。所谓轨迹，是指机械手在运动过程中的位移、速度和加速度；轨迹规划是根据作业任务的要求，计算出预期的运动轨迹；机器人的轨迹规划，指的是机器人根据自身的任务，求得完成这一任务的解决方案的过程。这里所说的任务，具有广义的概念，既可以指机器人要完成的某一具体任务，也可以是机器人的某个动作，如手部或关节的某个规定的运动等。

机械手最常用的轨迹规划方法有以下两种。

第一种方法对于选定的转变节点（插值点）上的位姿、速度和加速度给出一组显式约束（如连续性和光滑程度等），轨迹规划从某一类函数（如 n 次多项式）中选取参数化轨迹，对节点进行插值，并满足约束条件。在该方法中，约束的设定和轨迹规划均在关节空间进行，因此可能会发生与障碍物相碰。

第二种方法给出运动路径的解析式，如为直角坐标系空间中的直线路径，轨迹规划在关节空间或直角坐标系空间中确定一条轨迹来逼近预定的路径。该方法的路径约束是在直角坐标系空间中给定的，而关节驱动器是在关节空间中受控的。

轨迹规划的任务包含解变换方程、进行运动学反解和插值运算等。在关节空间进行规划时，大量工作是对关节变量的插值运算。

轨迹规划的目的是将操作人员输入的简单任务描述成详细的运动轨迹。对于一般的工业机器人来说，操作人员可能只输入机械手末端的目标位置和方位，而规划的任务便是要确定出达到目标时关节轨迹的形状、运动的时间和速度等。这里所说的轨迹，是指随时间变化的位置、速度和加速度。

简言之，机器人的工作过程，就是通过轨迹规划将要求的任务变为期望的运动和力，由控制环节根据期望的运动和力的信号，产生相应的控制作用，以便机器人输出实际的运动和力，从而完成期望的任务。这一过程表述如图 3-1 所示，其中机器人实际运动的情况通常还要反馈给规划级和控制级，以便对规划和控制的结果做出适当的修正。

图 3-1 中"要求的任务"由操作人员输入给机器人。为了使机器人操作方便、使用简单，必须要求操作人员给出尽量简单的描述。

"期望的运动和力"是进行机器人控制所必需的输入量，它们是机械手末端在每一个时刻的位姿和速度。对于绝大多数情况，还要求给出每一时刻期望的关节位移和速度，有些控制方法还要求给出期望的加速度等。

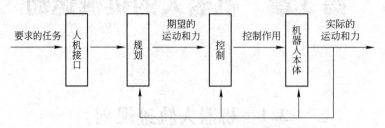

图 3-1　机器人轨迹规划原理图

常见的机器人轨迹作业有两种：点位作业、连续路径作业。点位作业如图 3-2（a）所示，通常只给出机械手末端的起点和终点，有时也给出一些中间经过点，所有这些点统称为路径点。注意这里所说的"点"，不仅仅包括机械手末端的位置，还包括方位。连续路径作业如图 3-2（b）所示，机械手末端的运动轨迹是根据任务的需要给定的，但是必须按照一定的采样间隔，通过逆运动学计算，将其变换到关节空间，然后在关节空间中寻找光滑函数来拟合这些离散点，最后在机器人的计算机内部表示出轨迹，以及实时生成轨迹。

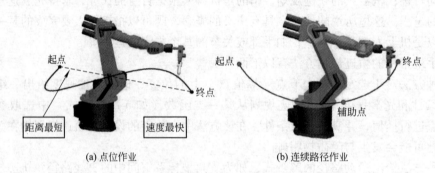

(a) 点位作业　　　　　　　　　(b) 连续路径作业

图 3-2　机器人轨迹作业

点位作业通常没有路径约束，多以关节坐标运动表示。点位作业只要求满足起点、终点位姿，在轨迹中间只有关节的几何限制、最大速度和加速度约束。为了保证运动的连续性，要求速度连续，各轴协调。连续路径作业有路径约束，因此要对路径进行设计。

1. 轨迹规划案例

为说明机器人规划的概念，举一个机器人倒水的例子。

第一步，任务规划。机器人把任务进行分解，把倒水的任务分解为"取一个杯子""找到水壶""打开瓶塞""把水倒入杯中""把水送给主人"等一系列子任务。

第二步，动作规划。针对每一个子任务进行进一步的规划。以"把水倒入杯中"这一子任务为例，可以进一步分解为"把水壶提到杯口上方""把水壶倾斜倒水入杯""把水壶竖直""把水壶放回原处"等一系列动作。

第三步，手部轨迹规划。为了实现每一个动作，需要对手部的运动轨迹进行必要的规定。

第四步，关节轨迹规划。为了使手部实现预定的运动，需要求出各关节的运动规律，这是关节轨迹规划。

第五步，关节的运动控制。

2. 轨迹规划层次

机器人的规划是分层次的：从高层的任务规划、动作规划到手部轨迹规划和关节轨迹规划，最后才是底层的控制，如图 3-3 所示。实际上，对于某些机器人来说，力的大小也是要控制的，这时，除了手部或关节的轨迹规划，还要进行手部和关节输出力的规划。

智能化程度越高，规划的层次越多，操作就越简单。对工业机器人来说，高层的任务规划和动作规划一般是依赖人来完成的。而且一般的工业机器人也不具备力的反馈，所以工业机器人通常只具有轨迹规划和底层的控制功能。

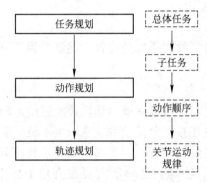

图 3-3　机器人规划层次

3.1.2　轨迹规划具体方法

轨迹规划分为关节空间的轨迹规划和直角坐标系空间的轨迹规划。在关节空间中进行轨迹规划是指将所有关节变量表示为时间的函数，用这些关节函数及其一阶、二阶导数描述机器人预期的运动；在直角坐标系空间中进行轨迹规划是指将手爪位姿、速度和加速度表示为时间的函数，而相应的关节位置、速度和加速度由手爪信息导出。

机器人轨迹泛指工业机器人在运动过程中的运动轨迹，即运动点的位移、速度和加速度。机器人在作业空间要完成给定的任务，其手部运动必须按一定的轨迹进行。轨迹的生成一般是先给定轨迹上的若干个点，将其经运动学反解映射到关节空间，对关节空间中的相应点建立运动方程，然后按这些运动方程对关节进行插值，从而实现作业空间的运动要求，这一过程通常称为轨迹规划。

机器人运动轨迹的描述一般是对其手部位姿的描述，此位姿值可与关节变量相互转换。控制轨迹也就是按时间控制手部或工具中心走过的空间路径。

1. 关节空间法

关节空间法首先将工具空间中期望的路径点，通过逆运动学计算，得到期望的关节位置，然后在关节空间内给每个关节找到一个经过中间点达到目的终点的光滑函数，同时使每个关节达到中间点和终点的时间相同，这样便可保证机械手工具能够达到期望的直角坐标位置。这里，只要求各个关节在路径点之间的时间相同，而各个关节的光滑函数的确定则是互相独立的。

在关节空间中进行轨迹规划，需要给定机器人在起始点和终止点手臂的位形。对关节进行插值时应满足一系列的约束条件。例如：抓取物体时手部的运动方向（初始点），提升物体离开的方向（提升点），放下物体（下放点）和停止点等结点上的位姿，速度和加速度的要求；与此相应的各个关节位移、速度、加速度在整个时间间隔内的连续性要求以及其极值必须在各个关节变量的容许范围之内等。满足所要求的约束条件之后，可以选取不同类型的关节插值函数，生成不同的轨迹。常用的关节空间插补有以下方法：三次多项式插值、过路径点的三次多项式插值、高阶多项式插值、用抛物线过渡的线性插值。

在关节变量空间内进行轨迹规划有以下三个优点：

① 直接用运动时的受控变量规划轨迹；

② 轨迹规划可接近实时进行；

③ 关节轨迹易于规划。

缺点是难以确定运动中各杆件和手部的位置。但是，为了避开轨迹上的障碍，常常又要求知道一些杆件和手部位置。

2. 直角坐标系空间法

在关节空间内进行轨迹规划，可以保证运动轨迹经过给定的路径点；但在直角坐标系空间，路径点之间的轨迹形状往往是十分复杂的，它取决于机械手的运动学机构特性。在某些情况下，对机械手末端的轨迹形状也有一定要求，如要求其在两点之间走一条直线，或者沿着一个圆弧运动以便绕过障碍物等。这时便需要在直角坐标系空间内规划机械手的运动轨迹。

直角坐标系空间的路径点，指的是机械手末端的工具坐标相对于基坐标的位置和姿态，每一个点由 6 个参数组成，其中 3 个参数描述位置，另外 3 个参数描述姿态。在直角坐标系空间内规划的方法主要有线性函数插值法和圆弧插值法。

在直角坐标系空间内进行轨迹规划的特点如下。

（1）面向直角坐标系空间方法的优点是概念直观，而且沿预定直线路径可达到相当的准确性。由于当前还没有可用笛卡尔坐标测量操作机手部位置的传感器，所有可用的控制算法都是建立在关节坐标基础上的。因此，直角坐标系空间路径规划就需要在直角坐标和关节坐标之间进行实时变换，这是一个计算量很大的任务，常常导致较长的控制间隔。

（2）由直角坐标向关节坐标的变换，不是一一对应的映射。

（3）如果在轨迹规划阶段要考虑操作机的动力学特性，就要以直角坐标给定路径约束，同时以关节坐标给定物理约束（如每个关节电机的力和力矩、速度和加速度权限），这就会使最后的优化问题具有在两个不同坐标系中的混合约束。

3. 轨迹的生成方式

轨迹的生成方式有以下 4 种。

（1）示教-再现运动。这种运动由人手把手地示教机器人，定时记录各关节变量，得到沿路径运动时各关节的位移时间函数 $q(t)$；再现时，按内存中记录的各点的值产生序列动作。

（2）关节空间运动。这种运动直接在关节空间里进行。由于动力学参数及其极限值直接在关节空间里描述，所以用这种方式求最短时间很方便。

（3）空间直线运动。这是一种直角坐标系空间里的运动，它便于描述空间操作，计算量小，适宜简单的作业。

（4）空间曲线运动。这是一种在描述空间中用明确的函数表达的运动，如圆周运动、螺旋运动等。

4. 轨迹规划涉及的主要问题

机器人的作业可以描述成工具坐标系 $\{T\}$ 相对于工件坐标系 $\{S\}$ 的一系列运动。作业可以借助工具坐标系的一系列位姿 P_i（$i=1$，2，$\cdots$，n）来描述。

把作业路径描述与具体的机器人、手爪或工具分离开来，形成了模型化的作业描述方法，从而使这种描述既适用于不同的机器人，也适用于在同一机器人上装夹不同规格的工具。

为叙述方便，在轨迹规划中也常用点来表示机器人的状态，或用它来表示工具坐标系的位姿，如起始点、终止点就分别表示工具坐标系的起始位姿及终止位姿。

更详细地描述运动时不仅要规定机器人的起始点和终止点，而且要给出介于起始点和终止点之间的中间点（也称路径点）。这时，运动轨迹除了位姿约束外，还存在着各路径点之间的时间分配问题。例如：在规定路径的同时，必须给出两个路径点之间的运动时间。

机器人的运动应当平稳。不平稳的运动将加剧机械部件的磨损，并导致机器人的振动和冲击。为此，要求所选择的运动轨迹描述函数必须连续，而且它的一阶导数（速度）甚至二阶导数（加速度）也应该连续。

轨迹规划既可以在关节空间中进行，也可以在直角坐标系空间中进行。在关节空间中进行轨迹规划是指将所有关节变量表示为时间的函数，用这些关节函数及其一阶、二阶导数描述机器人预期的运动；在直角坐标系空间中进行轨迹规划是指将手爪位姿、速度和加速度表示为时间的函数，而相应的关节位置、速度和加速度由手爪信息导出。

为了描述一个完整的作业，往往需要将上述运动进行组合。通常这种规划涉及以下几方面的问题。

（1）对工作对象及作业进行描述，用示教方法给出轨迹上若干个结点。

（2）用一条轨迹通过或逼近结点。此轨迹可按一定的原则优化，如加速度平滑得到直角坐标系空间的位移时间函数 $X(t)$ 或关节空间的位移时间函数 $Q(t)$；在结点之间如何进行插补，即根据轨迹表达式在每一个采样周期实时计算轨迹上点的位姿和各关节变量值。

（3）以上生成的轨迹是机器人位置控制的给定值，可以据此并根据机器人的动态参数设计一定的控制规律。

（4）规划机器人的运动轨迹时，需明确其路径上是否存在障碍约束的组合。

（5）面向直角坐标系空间的方法存在种种缺点，使得面向关节空间的方法被广泛采用。它把直角坐标变换为相应的关节坐标，并用低次多项式内插这些关节结点。这种方法的优点是计算较快，而且易于处理操作机的动力学约束。但当取样点落在拟合的光滑多项式曲线上时，面向关节空间的方法沿直角路径的准确性会有损失。

3.2　机器人的运动

3.2.1　机器人位姿

机器人的位姿主要是指机器人手部在空间的位置和姿态，有时也会用到其他各个活动杆件在空间的位置和姿态。位置可以用一个位置矩阵来描述。

1. 位置的表示

任意点 P 在空间的位置可以用一个 $3×1$ 的位置矢量来描述，如图 3-4 所示，点 P 在 $\{A\}$ 坐标系中表示为：

$$^A\boldsymbol{P} = \begin{bmatrix} p_x \\ p_y \\ p_z \end{bmatrix} \tag{3-1}$$

其中，p_x，p_y，p_z 为点 P 的坐标分量。

位置矢量不同于一般矢量，它的大小与坐标原点的选择有关。

2. 姿态（或称方向）的表示

两个刚体的相对姿态可以用附着在它们上的坐标系的相对姿态来描述，如图 3-5 所示。刚体的姿态可以用附着于刚体上的坐标系（用 $\{B\}$ 表示）来表示，因此刚体相对于坐标系 $\{A\}$ 的姿态等价于 $\{B\}$ 相对于 $\{A\}$ 的姿态。

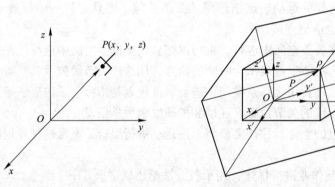

图 3-4　P 点的坐标表示　　　　图 3-5　姿态描述

坐标系 $\{B\}$ 相对于 $\{A\}$ 的姿态表示可以用坐标系 $\{B\}$ 的三个基矢量 $\boldsymbol{x}_B$、$\boldsymbol{y}_B$ 和 $\boldsymbol{z}_B$ 在 $\{A\}$ 中的表示给出，即 $\begin{bmatrix} ^A\boldsymbol{x}_B & ^A\boldsymbol{y}_B & ^A\boldsymbol{z}_B \end{bmatrix}$。上标 A 说明：$\{B\}$ 的三个基矢量在 A 坐标系中的表示。它是一个 $3×3$ 矩阵，它的每一列为 $\{B\}$ 的基矢量在 $\{A\}$ 中的分量表示。

即：

$$^A_B\boldsymbol{R} = \begin{bmatrix} ^A\boldsymbol{x}_B & ^A\boldsymbol{y}_B & ^A\boldsymbol{z}_B \end{bmatrix} = \begin{bmatrix} \boldsymbol{x}_B \cdot \boldsymbol{x}_A & \boldsymbol{y}_B \cdot \boldsymbol{x}_A & \boldsymbol{z}_B \cdot \boldsymbol{x}_A \\ \boldsymbol{x}_B \cdot \boldsymbol{y}_A & \boldsymbol{y}_B \cdot \boldsymbol{y}_A & \boldsymbol{z}_B \cdot \boldsymbol{y}_A \\ \boldsymbol{x}_B \cdot \boldsymbol{z}_A & \boldsymbol{y}_B \cdot \boldsymbol{z}_A & \boldsymbol{z}_B \cdot \boldsymbol{z}_A \end{bmatrix} = \begin{bmatrix} ^B\boldsymbol{X}_A^T \\ ^B\boldsymbol{Y}_A^T \\ ^B\boldsymbol{Z}_A^T \end{bmatrix} \tag{3-2}$$

基矢量即为单位矢量，上式又可以表示为：

$$^A_B\boldsymbol{R} = \begin{bmatrix} \cos(\boldsymbol{x}_A, \boldsymbol{x}_B) & \cos(\boldsymbol{x}_A, \boldsymbol{y}_B) & \cos(\boldsymbol{x}_A, \boldsymbol{z}_B) \\ \cos(\boldsymbol{y}_A, \boldsymbol{x}_B) & \cos(\boldsymbol{y}_A, \boldsymbol{y}_B) & \cos(\boldsymbol{y}_A, \boldsymbol{z}_B) \\ \cos(\boldsymbol{z}_A, \boldsymbol{x}_B) & \cos(\boldsymbol{z}_A, \boldsymbol{y}_B) & \cos(\boldsymbol{z}_A, \boldsymbol{z}_B) \end{bmatrix} \tag{3-3}$$

$^A_B\boldsymbol{R}$ 称为坐标系 $\{B\}$ 相对 $\{A\}$ 的旋转矩阵。

旋转矩阵的性质如下。

（1）列向量两两正交，行向量两两正交。

（2）列向量和行向量都是单位向量。

（3）每一列是 $\{B\}$ 的基矢量在 $\{A\}$ 中的分量表示；同样，每一行是 $\{A\}$ 的基矢量在 $\{B\}$ 中的分量表示。

（4）旋转矩阵是正交矩阵，其行列式等于 1。

（5）它的逆矩阵等于它的转置矩阵，即：

$$_B^A\boldsymbol{R}^{-1} = {}_B^A\boldsymbol{R}^{\mathrm{T}} = {}_A^B\boldsymbol{R} \tag{3-4}$$

3. 位姿的统一表示

定义一组四向量矩阵 $[\boldsymbol{R}\quad \boldsymbol{P}]$，如图 3-6 所示。其中，$_j^i\boldsymbol{R}$ 表示 $\{j\}$ 相对 $\{i\}$ 的姿态，$^i\boldsymbol{P}_{\mathrm{jorg}}$ 表示 $\{j\}$ 的原点相对 $\{i\}$ 的位移。将 $\{j\}$ 坐标系相对 $\{i\}$ 坐标系描述为：

$$\{j\} = \left\{ {}_j^i\boldsymbol{R}\quad {}^i\boldsymbol{P}_{\mathrm{jorg}} \right\}_{3\times4} \tag{3-5}$$

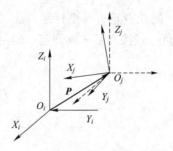

图 3-6　四向量表示

4. 不同直角坐标系之间的关系

1）平移

设坐标系 $\{i\}$ 和坐标系 $\{j\}$ 具有相同的姿态，但它们的坐标原点不重合，若用 3×1 矩阵 $^i\boldsymbol{P}_{\mathrm{jorg}}$ 表示坐标系 $\{j\}$ 的原点相对坐标系 $\{i\}$ 的位置，如图 3-7 所示，则同一点 P 在两个坐标系中的表示的关系为：

$$^i\boldsymbol{P} = {}^j\boldsymbol{P} + {}^i\boldsymbol{P}_{\mathrm{jorg}} \tag{3-6}$$

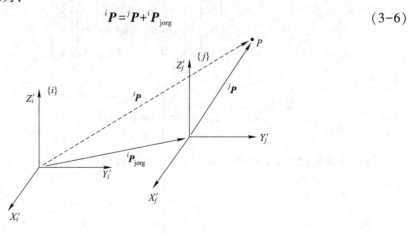

图 3-7　两个不同坐标系点的表示

2）旋转

设坐标系 $\{i\}$ 和坐标系 $\{j\}$ 的原点重合，但它们的姿态不同，如图 3-8 所示。设有一向量 P，它在 $\{j\}$ 坐标系中表示为 ^jP，它在 $\{i\}$ 中表示：

$$^ip_x = {}^ix \cdot {}^jp = {}^jx_i \cdot {}^jp$$

$$^ip_y = {}^jy_i \cdot {}^jp \tag{3-7}$$

$$^ip_z = {}^jz_i \cdot {}^jp$$

即：

$$^ip = {}^i_jR^jp \tag{3-8}$$

对同一个数学表达式可以给出多种不同的解释，前面介绍的是同一个向量在不同的坐标系的表示之间的关系。上述数学关系也可以在同一个坐标系中解释为向量的"向前"移动或旋转，或坐标系"向后"移动或旋转。

5. 常用的旋转变换

（1）绕 z 轴旋转 θ 角。

坐标系 $\{i\}$ 和坐标系 $\{j\}$ 的原点重合，坐标系 $\{j\}$ 的坐标轴方向相对于坐标系 $\{i\}$ 绕 z 轴旋转一个角度 θ。θ 的正负一般按右手法则确定，即由 z 轴的矢端看，逆时针为正，如图 3-9 所示。

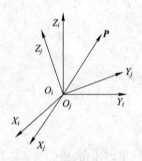
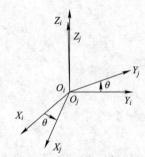

图 3-8　空间坐标表示　　　　图 3-9　绕 z 轴旋转坐标

$$\begin{bmatrix} x_i \\ y_i \\ z_i \end{bmatrix} = \begin{bmatrix} \cos\theta & -\sin\theta & 0 \\ \sin\theta & \cos\theta & 0 \\ 0 & 0 & 1 \end{bmatrix} \begin{bmatrix} x_j \\ y_j \\ z_j \end{bmatrix} \tag{3-9}$$

令：

$$R_Z(\theta) = \begin{bmatrix} \cos\theta & -\sin\theta & 0 \\ \sin\theta & \cos\theta & 0 \\ 0 & 0 & 1 \end{bmatrix} \tag{3-10}$$

（2）绕 x 轴旋转 α，如图 3-10 所示，其旋转变换矩阵为：

$$R_X(\alpha) = \begin{bmatrix} 1 & 0 & 0 \\ 0 & \cos\alpha & -\sin\alpha \\ 0 & \sin\alpha & \cos\alpha \end{bmatrix} \tag{3-11}$$

（3）绕 y 轴旋转 β，如图 3-11 所示，其旋转变换矩阵为：

$$R_y(\beta) = \begin{bmatrix} \cos\beta & 0 & \sin\beta \\ 0 & 1 & 0 \\ -\sin\beta & 0 & \cos\beta \end{bmatrix} \tag{3-12}$$

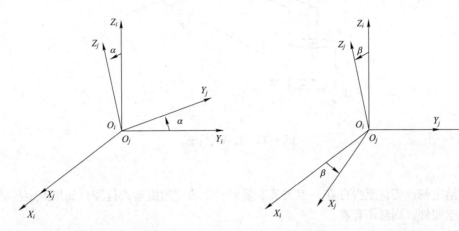

图 3-10　绕 x 轴旋转坐标　　　　　　　图 3-11　绕 y 轴旋转坐标

3.2.2　正向运动学和反向运动学

运动学研究旨在解决机器人的手臂转向何方（动力学则为了解决移动的速度和力）。机器人运动学包括正向运动学和反向运动学。运动学是研究机器人动力学和控制的重要基础，它涉及机器人运动方程的表示、求解及雅可比矩阵的分析与计算等。

正向运动学即给定机器人各关节变量，计算机器人末端的位置姿态；反向运动学即已知机器人末端的位置姿态，计算机器人对应位置的全部关节变量。

一般正向运动学的解是唯一和容易获得的，而反向运动学往往有多个解而且分析更为复杂。机器人反向运动分析是运动规划控制中的重要问题，但由于机器人反向运动问题的复杂性和多样性，无法建立通用的解析算法。反向运动学问题实际上是一个非线性超越方程组的求解问题，其中包括解的存在性、唯一性及求解的方法等一系列复杂问题。反向运动学是机器人运动控制算法设计及运动规划的基础，也是机器人速度、加速度、受力分析、误差分析、工作空间分析、动力分析和机器人综合等的基础。

如图 3-12 所示，手爪坐标系用 $\{T\}$ 表示，基坐标系用 $\{B\}$ 所示。从基坐标系到手爪坐标系之间相邻两坐标系的齐次变换矩阵，它们依次连乘的结果就是手爪在基坐标系中的空间描述，运动方程为：

$$^{0}T_1(q_1)\ ^{1}T_2(q_2) \cdots ^{n-1}T_n = \begin{bmatrix} \boldsymbol{n} & \boldsymbol{o} & \boldsymbol{a} & \boldsymbol{p} \\ 0 & 0 & 0 & 1 \end{bmatrix} = \begin{bmatrix} ^{0}R_n & ^{0}P_n \\ \boldsymbol{0} & 1 \end{bmatrix} \tag{3-13}$$

已知 q_1，q_2，$\cdots$，q_n，求 $\boldsymbol{n}$，$\boldsymbol{o}$，$\boldsymbol{a}$，$\boldsymbol{p}$，称为运动学正解；已知 $\boldsymbol{n}$，$\boldsymbol{o}$，$\boldsymbol{a}$，$\boldsymbol{p}$，求 q_1，q_2，$\cdots$，q_n，称为运动学反解。

运动学方程的正解特征是唯一性，用于检验、校准机器人。机器人运动学逆解有关问题如下。

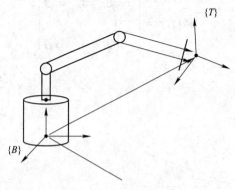

图 3-12　机器人位姿

1）存在性

对于给定的位姿，至少存在一组关节变量来产生希望的机器人位姿；如果给定机械手位置在工作空间外，则解不存在。

2）唯一性

对于给定的位姿，仅有一组关节变量来产生希望的机器人位姿。对于机器人，可能出现多解。

机器人运动学逆解的数目取决于关节数目、连杆参数和关节变量的活动范围。一般来说，非零连杆参数越多，运动学逆解数目就越多。

如何从多重解中选择出其中的一组应根据具体情况而定，在避免碰撞的前提下，通常按最短行程的准则来择优，使每个关节的移动量为最小。

由于工业机器人前面三个连杆的尺寸较大，后面三个较小，故应加权处理，遵循多移动小关节、少移动大关节的原则。

3）解法

机器人运动学逆解有封闭解法和数值解法两种。在终端位姿已知的条件下，封闭解法可给出每个关节变量的数学函数表达式；数值解法则用递推算法给出关节变量的具体数值；封闭解法计算速度快，效率高，便于实时控制，但不容易求解。经研究证明：若机器人有三个相邻关节的轴线平行或交于一点，则可求得封闭解。

3.2.3　雅可比矩阵

雅可比矩阵表示各单个变量与函数间的微分关系，可以将机器人单个关节的速度转换为手部的速度，揭示操作空间与关节空间的映射关系。

可以把雅可比矩阵看作是关节的速度 $\dot{q}$ 变换到操作速度 V 的变换矩阵。

在任何特定时刻，关节位移 q 具有某一特定值，$J(q)$ 就是一个线性变换。在每一新的时刻，q 已改变，线性变换也因之改变，所以雅可比矩阵是一个时变的线性变换矩阵。

在机器人学领域内，通常谈到的雅可比矩阵是把关节速度和操作臂末端的直角坐标速度联系在一起的。

必须注意到，对于任何给定的操作臂的结构和外形，关节速度和操作臂末端的直角坐标速度为线性关系，但这只是一个瞬间关系。

雅可比矩阵是机器人构型设计的函数，同时也是机器人即时位姿的函数，即矩阵各元素的大小随时间变化：

$$\begin{bmatrix} \mathrm{d}x \\ \mathrm{d}y \\ \mathrm{d}z \\ \delta x \\ \delta y \\ \delta z \end{bmatrix} = [J] \begin{bmatrix} \mathrm{d}\theta_1 \\ \mathrm{d}\theta_2 \\ \mathrm{d}\theta_3 \\ \mathrm{d}\theta_4 \\ \mathrm{d}\theta_5 \\ \mathrm{d}\theta_6 \end{bmatrix} \tag{3-14}$$

其中，$[J]$ 代表机器人雅可比矩阵。

机器人手部沿 x，y，z 轴的微分运动为 $\begin{bmatrix} \mathrm{d}x \\ \mathrm{d}y \\ \mathrm{d}z \end{bmatrix}$，机器人手部绕 x，y，z 轴的微分旋转为

$\begin{bmatrix} \delta x \\ \delta y \\ \delta z \end{bmatrix}$，关节的微分运动为 $\begin{bmatrix} \mathrm{d}\theta_1 \\ \mathrm{d}\theta_2 \\ \mathrm{d}\theta_3 \\ \mathrm{d}\theta_4 \\ \mathrm{d}\theta_5 \\ \mathrm{d}\theta_6 \end{bmatrix}$，左右两边各除以 $\mathrm{d}t$ 得：

$$\frac{\mathrm{d}X}{\mathrm{d}t} = J(q)\frac{\mathrm{d}q}{\mathrm{d}t} \tag{3-15}$$

上式也可表示为 $v = \dot{X} = \dot{J}(q)\dot{q}$。

3.3　串联机器人的运动

3.3.1　坐标系的确定

机器人的坐标系分为四种：手部坐标系、机座坐标系、杆件坐标系和绝对坐标系。其中，手部坐标系是参考机器人手部的坐标系，也称作机器人位姿坐标系，它表示机器人手部在指定坐标系中的位置和姿态；机座坐标系是参考机器人机座的坐标系，它是机器人各活动杆件及手部的公共参考坐标系；杆件坐标系是参考机器人指定杆件的坐标系，它是在机器人每个活动杆件上固定的坐标系，随杆件的运动而运动；绝对坐标系是参考工作现场地面的坐标系，它是机器人所有构件的公共参考坐标系。

如图 3-13 所示，假设机器人要在零件 P 上钻孔而且还需要向零件 p 处移动。机器人机座相对于参考坐标系 $\{U\}$ 的位置用坐标系 $\{R\}$ 来描述，机器人手部用坐标系 $\{H\}$ 来描述，末端执行器（即用来钻孔的钻头的末端）用坐标系 $\{E\}$ 来描述，零件的位置用坐标系 $\{P\}$ 来描述。

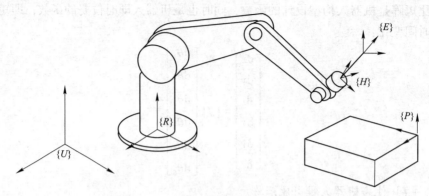

图 3-13　各坐标系及末端执行器坐标系

钻孔的点的位置在参考坐标系 $\{U\}$ 中可以通过两个独立的路径发生联系：一个是通过该零件的路径，另一个是通过机器人的路径。因此，可以写出下面的方程：

$$^{U}T_{E} = {}^{U}T_{R}\,{}^{R}T_{H}\,{}^{H}T_{E} = {}^{U}T_{P}\,{}^{P}T_{E} \tag{3-16}$$

该零件中点 E 的位置可以通过从 $\{U\}$ 变换到 $\{P\}$，并从 $\{P\}$ 变换到 $\{E\}$ 来完成，或者从 $\{U\}$ 变换到 $\{R\}$，从 $\{R\}$ 变换到 $\{H\}$，再从 $\{H\}$ 变换到 $\{E\}$。

机器人的机座位置在安装时就已确定，因此变换 $^{U}T_{R}$（坐标系 $\{R\}$ 相对于坐标系 $\{U\}$ 的变换）时是已知的。由于末端执行器的尺寸和结构也是已知的，所以 $^{H}T_{E}$（机器人末端执行器相对于机器人手的变换）也是已知的。此外，$^{U}T_{P}$（零件相对于全局坐标系的变换）也是已知的，还必须要知道将在其上面钻孔的零件的位置（该位置可以通过将该零件放在钻模上，用测量仪器来确定）。最后，需要知道零件上钻孔的位置，所以 $^{P}T_{E}$ 也是已知的。此时，唯一未知的变换就是 $^{R}T_{H}$（机器末端执行器相对于机器人机座的变换）。

因此，必须找出机器人的关节变量（机器人旋转关节的角度及滑动关节的连杆长度），以便将末端执行器定位在要钻孔的位置上。可见，必须要计算出这个变换，因为它指出了机器人需要完成的工作，之后将用所求出的变换来求解机器人关节的角度和连杆的长度。

用合适的矩阵的逆并通过左乘或右乘来计算：

$$(^{U}T_{R})^{-1}\,(^{U}T_{R}\,{}^{R}T_{H}\,{}^{H}T_{E})\,(^{H}T_{E})^{-1} = (^{U}T_{R})^{-1}\,(^{U}T_{P}\,{}^{P}T_{E})\,(^{H}T_{E})^{-1} \tag{3-17}$$

由于 $(^{U}T_{R})^{-1}\,(^{U}T_{R}) = 1$ 和 $(^{H}T_{E})\,(^{H}T_{E})^{-1} = 1$，上式的左边可简化为 $^{R}T_{H}$，于是得：

$$^{R}T_{H} = {}^{U}T_{R}^{-1}\,{}^{U}T_{P}\,{}^{P}T_{E}\,{}^{H}T_{E}^{-1} \tag{3-18}$$

该方程的正确性可以通过认为 $^{E}T_{H}$ 与 $(^{H}T_{E})^{-1}$ 相同来加以检验。因此，该方程可写为：

$$^{R}T_{H} = {}^{U}T_{R}^{-1}\,{}^{U}T_{P}\,{}^{P}T_{E}\,{}^{H}T_{E}^{-1} = {}^{R}T_{U}\,{}^{U}T_{P}\,{}^{P}T_{E}\,{}^{E}T_{H} \tag{3-19}$$

3.3.2　D-H 参数法

工业机器人由若干运动副和杆件连接而成，这些杆件称为连杆，连接相邻两个连杆的运动副称为关节。多自由度关节可以看成多个单自由度关节与长度为零的连杆构成。单自由度关节分为平移关节和旋转关节。每个关节确定一个自由度；如果某个关节有两个运动，分解为两个单自由度的关节考虑。关节链中的每一个杆件建立坐标系的矩阵方法称为 D-H（Denavit-Hartenberg）参数法。

D-H 模型表示了对机器人连杆和关节进行建模的一种非常简单的方法，用于任何机器人构型，不管机器人的结构顺序和复杂程度如何；还可用于表示直角坐标、圆柱坐标、欧拉角坐标等在任何坐标中的变换。

采用 D–H 参数法的前提是假设机器人由一系列关节和连杆组成，这些关节可能是滑动（线性运动）的或者旋转（转动）的，它们可以按任意的顺序放置并处于任意的平面。

采用 D–H 参数法的基本思想是首先给每个关节指定一个参考坐标系，然后确定从一个关节到下一个关节（一个坐标到下一个坐标）进行变换的步骤。如果从机座到第一个关节，再从第一个关节到第二个关节直至最后一个关节的所有变换结合起来，就得到了机器人的总变换矩阵。

1. 机器人坐标系的分配

按从机座到末端操作器的顺序，由低到高依次为各关节和各连杆编号。机座的编号为连杆 0，与机座相连的连杆编号为连杆 1，依次类推。

机座与连杆 1 的关节编号为关节 1，连杆 1 与连杆 2 的连接关节编号为 2，依次类推。在每一个连杆上建立一个坐标系，该坐标系的 Z 轴与连杆末端关节的轴线重合，如图 3–14 所示。

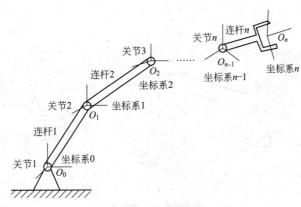

图 3–14　机器人位姿

2. 连杆参数及连杆坐标系的建立

1）连杆参数

连杆参数包括连杆尺寸参数和连杆关系参数两组。由运动学的观点来看，连杆保持其两端关节间的形态不变，这种形态由两个参数决定：连杆长度 a_i 和连杆扭角 α_i。连杆的相对位置关系，由另外两个参数决定：连杆间距离 d_i 和连杆间转角（关节转角）θ_i。

（1）连杆尺寸参数。

连杆 i 两端有关节 i 和 $i+1$。该连杆尺寸可以用两个量来描述：一个是连杆长度 a_i，表示两个关节轴线沿公垂线的距离（恒正）；另一个是连杆扭角 α_i，表示垂直于 α_i 平面内两个轴线的夹角（有正负，方向为 i 到 $i+1$），如图 3–15 所示。

（2）连杆关系参数。

连杆 $i-1$ 和连杆 i 通过关节 i 相连。其相对位置可以用两个参数来描述：一个是连杆间距离 d_i，表示沿关节 i 轴线两个公垂线的距离；另一个是连杆间转角 θ_i，表示垂直于关节 i 轴线的平面内两个公垂线的夹角，如图 3–16 所示。

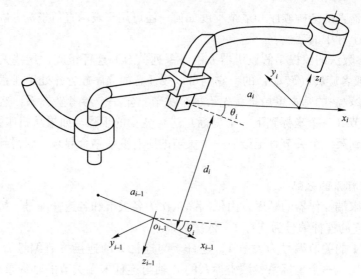

图 3-15　关节参数

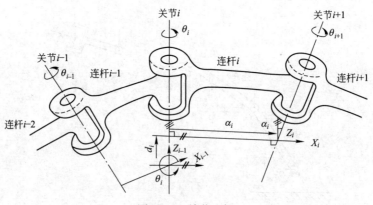

图 3-16　关节坐标

（3）关节变量。

① 旋转关节：关节转角 θ_i 是关节变量，连杆长度 a_i、连杆扭角 α_i、连杆间距离 d_i 是固定不变的。

② 移动关节：连杆间距离 d_i 是关节变量，连杆长度 a_i、连杆扭角 α_i、关节转角 θ_i 是固定不变的。

2）连杆坐标系

连杆坐标系的建立按下面规则进行。

① 坐标轴 Z_i：与 $i+1$ 关节的轴线重合。

② 坐标轴 X_i：沿连杆 i 两关节轴线的公垂线，指向 $i+1$ 关节。

③ 坐标轴 Y_i：按右手直角坐标系法则确定。

④ 坐标原点 O_i：

● 当关节 i 轴线和关节 $i+1$ 轴线相交时，取交点；

● 当关节 i 轴线和关节 $i+1$ 轴线异面时，取两轴线的公垂线与关节 $i+1$ 轴线的交点；

● 当关节 i 轴线和关节 $i+1$ 轴线平行时，取关节 $i+1$ 轴线与关节 $i+2$ 轴线的公垂线与关

节 $i+1$ 轴线的交点。

⑤ 首连杆 O：机座坐标系 $\{O\}$ 是固定不动的；Z_0 轴取关节 1 的轴线；O_0 的设置任意，通常与 O_1 重合。

⑥ 末连杆 n：工具坐标系 $\{n\}$ 固定在机器人的终端，由于连杆 n 的终端不再有关节，约定坐标系 $\{n\}$ 与 $\{n-1\}$ 平行。

3. 连杆坐标系间变换矩阵

连杆坐标系之间的相对关系可以用坐标系之间的平移和旋转来表达。坐标系 n 经过以下四步变换可与坐标系 $n+1$ 相重合。

（1）绕 z_n 轴旋转 θ_{n+1}［如图 3-17（a）与（b）所示］，使得 x_n 和 x_{n+1} 互相平行，因为 a_n 和 $a_{n+\theta}$ 都是垂直于 z_n 轴的，因此绕 z_n 轴旋转 θ_{n+1} 使两者平行。

（2）沿 z_n 轴平移 d_{n+1} 距离，使得 x_n 和 x_{n+1} 共线［如图 3-17（c）所示］。因为 x_n 和 x_{n+1} 已经平行并且垂直于 z_n，沿着 z_n 移动则可使两者互相重叠在一起。

（3）沿 x_n 轴平移 a_{n+1} 距离，使得 x_n 和 x_{n+1} 的原点重合［如图 3-17（d）和（e）所示］。这时，两个参考坐标系的原点处在同一位置。

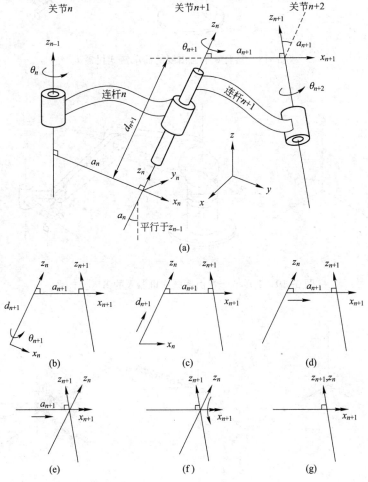

图 3-17　连杆组合的 D-H 表示

（4）将 z_n 轴绕 x_{n+1} 轴旋转 α_{n+1}，使得 z_n 轴与 z_{n+1} 轴对准［如图 3-17（f）所示］。这时，坐标系 n 和 $n+1$ 完全相同［如图 3-17（g）所示］。至此，从一个坐标系变换到了下一个坐标系。

例 3-1　对于如图 3-18 所示的简单机器人，根据 D-H 表示法，建立必要的坐标系，并填写相应的参数表。

解　为方便起见，假设关节 2，3 和 4 在同一平面内，即它们的 d_n 值为 0。为建立机器人的坐标系，首先寻找关节。该机器人有 6 个自由度，在这个简单机器人中，所有的关节都是旋转的。第一个关节（关节 1）在连杆 0（固定机座）和连杆 1 之间，关节 2 在连杆 1 和连杆 2 之间，等等，如图 3-19 所示。首先，对每个关节建立 z 轴，接着建立 x 轴。图 3-20 是图 3-19 的简化线图。

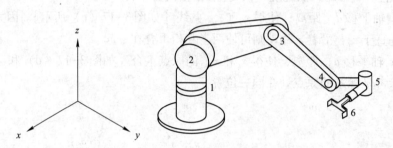

图 3-18　具有 6 个自由度的简单链式机器人

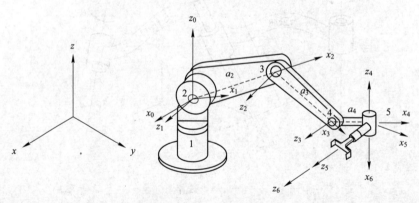

图 3-19　简单 6 个自由度链式机器人的参考坐标系

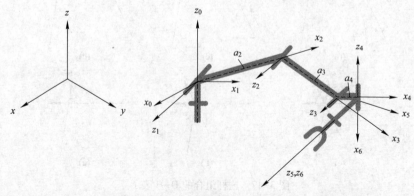

图 3-20　简单 6 个自由度链式机器人的参考坐标系简化线图

从关节 1 开始，z_0 表示第一个关节，它是一个旋转关节。选择 x_0 与参考坐标系的 x 轴平行，这样做仅仅是为了方便。x_0 是一个固定的坐标轴，表示机器人的机座，它是不动的。第一个关节的运动是围绕着 z_0-x_0 轴进行的，但这两个轴并不运动。接下来，在关节 2 处设定 z_1，因为坐标轴 z_0 和 z_1 是相交的，所以 x_1 垂直于 z_0 和 z_1。x_2 在 z_1 和 z_2 之间的公垂线方向上，x_3 在 z_2 和 z_3 之间的公垂线方向上，x_4 在 z_3 和 z_4 之间的公垂线方向上；最后，z_5 和 z_6 是平行且共线的。z_5 表示关节 6 的运动，而 z_6 表示末端执行器的运动。通常在运动方程中不包含末端执行器，但应包含末端执行器的坐标系，这是因为它可以容许进行从坐标系 z_5-x_5 出发的变换；同时也要注意第一个和最后一个坐标系的原点的位置，它们将决定机器人的总变换方程。可以在第一个和最后一个的坐标系之间建立其他的（或不同的）中间坐标系，但只要第一个和最后一个的坐标系没有改变，机器人的总变换便是不变的。应注意的是，第一个关节的原点并不在关节的实际位置，但证明这样做是没有问题的，因为无论实际关节是高一点还是低一点，机器人的运动并不会有任何差异。因此，考虑原点位置时可不用考虑机座上关节的实际位置。

根据已建立的坐标系来填写表 3-1 中的参数。参考任意两个坐标系之间的 4 个运动的顺序：从 z_0-x_0 开始，有一个旋转运动将 x_0 转到了 x_1，为使得 x_0 与 x_1 轴重合，需要沿 z_1 和沿 x_1 的平移均为零，还需要一个旋转将 z_0 转到 z_1。注意旋转是根据右手规则进行的，即将右手手指按旋转的方向弯曲，大拇指的方向则为旋转坐标轴的方向。此时，z_0-x_0 就变换到了 z_1-x_1。

绕 z_1 旋转 θ_2，将 x_1 转到了 x_2，然后沿 x_2 轴移动距离 a_2，使坐标系原点重合。由于前后两个 z 轴是平行的，所以没有必要绕 x 轴旋转。按照这样的步骤继续做下去，就能得到所需要的结果。

与其他机械类似，机器人也不会保持原理图中所示的一种构型不变。尽管机器人的原理图是二维的，但必须要想象出机器人的运动，也就是说，机器人的不同连杆和关节在运动时，与之相连的坐标系也随之运动。如果这时原理图所示机器人构型的坐标轴处于特殊的位姿状态，当机器人移动时它们又会处于其他的点和姿态上。例如：x_3 总是沿着关节 3 与关节 4 之间连线 a_3 的方向，随着机器人的下臂关节 2 旋转而运动。在确定参数时，必须记住这一点。

表 3-1　机器人的参数

序号	θ	d	a	α
1	θ_1	0	0	90°
2	θ_2	0	a_2	0°
3	θ_3	0	a_3	0°
4	θ_4	0	a_4	−90°
5	θ_5	0	0	90°
6	θ_6	0	0	0°

表 3-1 中，θ 表示旋转关节的关节变量，d 表示滑动关节的关节变量。因为这个机器人的关节全是旋转的，因此所有关节变量都是角度。

通过简单地从参数表中选取参数代入 $\boldsymbol{A}$ 矩阵，便可写出每两个相邻关节之间的变换。

例如：在坐标系 0 和 1 之间的变换矩阵 A_1 可通过将 $\alpha(\sin 90°=1, \cos 90°=0, \alpha=90°)$ 以及指定 c_1 为 θ_1 等代入 A[①] 矩阵得到，对其他关节的 $A_2 \sim A_6$ 矩阵也是这样，最后得：

$$A_1=\begin{bmatrix} c_1 & 0 & s_1 & 0 \\ s_1 & 0 & -c_1 & 0 \\ 0 & 1 & 0 & 0 \\ 0 & 0 & 0 & 1 \end{bmatrix} \quad A_2=\begin{bmatrix} c_2 & -s_2 & 0 & c_2a_2 \\ s_2 & c_2 & 0 & s_2a_2 \\ 0 & 0 & 1 & 0 \\ 0 & 0 & 0 & 1 \end{bmatrix}$$

$$A_3=\begin{bmatrix} c_3 & -s_3 & 0 & c_3a_3 \\ s_3 & c_3 & 0 & s_3a_3 \\ 0 & 0 & 1 & 0 \\ 0 & 0 & 0 & 1 \end{bmatrix} \quad A_4=\begin{bmatrix} c_4 & 0 & -s_4 & c_4a_4 \\ s_4 & 0 & c_4 & s_4a_4 \\ 0 & -1 & 0 & 0 \\ 0 & 0 & 0 & 1 \end{bmatrix} \quad (3-20)$$

$$A_5=\begin{bmatrix} c_5 & 0 & s_5 & 0 \\ s_5 & 0 & -c_5 & 0 \\ 0 & 1 & 0 & 0 \\ 0 & 0 & 0 & 1 \end{bmatrix} \quad A_6=\begin{bmatrix} c_6 & -s_6 & 0 & 0 \\ s_6 & c_6 & 0 & 0 \\ 0 & 0 & 1 & 0 \\ 0 & 0 & 0 & 1 \end{bmatrix}$$

特别注意：为简化最后的解，用到下列三角函数关系式：

$$s_1c_2+c_1s_2=s_{12}$$
$$c_1c_2-s_1s_2=c_{12} \quad (3-21)$$

在机器人的机座和手之间的总变换为：

$$^RT_H=A_1A_2A_3A_4A_5A_6=\begin{bmatrix} a_{11} & a_{12} & a_{13} & a_{14} \\ a_{21} & a_{22} & a_{23} & a_{24} \\ a_{31} & a_{32} & a_{33} & a_{34} \\ 0 & 0 & 0 & 1 \end{bmatrix} \quad (3-22)$$

式中：

$a_{11}=c_1(c_{234}c_5c_6-s_{234}s_6)-s_1s_5c_6,$ $a_{12}=c_1(-c_{234}c_5c_6-s_{234}c_6)+s_1s_5s_6,$

$a_{13}=c_1(c_{234}s_5)+s_1c_5,$ $a_{14}=c_1(c_{234}a_4+c_{23}a_3+c_2a_2),$

$a_{21}=s_1(c_{234}c_5c_6-s_{234}s_6)+c_1s_5c_6,$ $a_{22}=s_1(-c_{234}c_5c_6-s_{234}c_6)-c_1s_5s_6,$

$a_{23}=s_1(c_{234}s_5)-c_1c_5,$ $a_{24}=s_1(c_{234}a_4+c_{23}a_3+c_2a_2),$

$a_{31}=s_{234}c_5c_6,$ $a_{32}=-s_{234}c_5c_6+c_{234}c_6,$

$a_{33}=s_{234}s_5,$ $a_{34}=s_{234}a_4+s_{23}a_3+s_2a_2。$

4. A 矩阵和 T 矩阵

机械手可以看成由一系列关节连接起来的连杆组构成，如图 3-12 所示。用 A 矩阵描述连杆坐标系间相对平移和旋转的齐次变换，A_1 表示第一连杆对基坐标的位姿，A_2 表示第二连杆对第一连杆位姿，则第二连杆对基坐标的位姿为：

---

① 为简化，本书用 s 表示 $\sin\theta$，c 表示 $\cos\theta$，s_{23} 表示 $\sin(\theta_2+\theta_3)$，s_{234} 表示 $\sin(\theta_2+\theta_2+\theta_4)$，$c_{23}$ 表示 $\cos(\theta_2+\theta_3)$，c_{234} 表示 $\cos(\theta_2+\theta_3+\theta_4)$，依次类推。

$$T_2 = A_1 A_2 \tag{3-23}$$

如此类推，对于一个六连杆机器人，有：

$$T_6 = A_1 A_2 A_3 A_4 A_5 A_6 \tag{3-24}$$

机器人最后一个构件（手部）用三个移动自由度来确定其位置与姿态，这样六连杆机器人在它的活动范围内可以任意定位和定向。

从坐标系 $\{O_n\}$ 到坐标系 $\{O_0\}$ 经过了 n 级的逐次坐标变换，且每次都是坐标系相对于自身进行变换的。

若求出任一个相邻两级之间的坐标变换矩阵 T_i，则坐标系 $\{O_n\}$ 到坐标系 $\{O_0\}$ 之间的坐标变换矩阵可表示为：

$$T = T_1 T_2 T_3 \cdots T_{n-1} T_n \tag{3-25}$$

5. 运动姿态和方向角

1) 运动方向

如图 3-21 所示，接近矢量 a 表示夹持器进入物体的方向，用 Z 轴表示；方向矢量 o 表示指尖互相指向，用 Y 轴表示；法线矢量 n 表示指尖互相指向，用 X 轴表示。

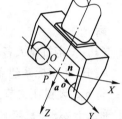

$$n = o \times a \tag{3-26}$$

其中，$o \cdot o = 1$，$a \cdot a = 1$，$o \cdot a = 1$。

如果在同一矩阵中既表示姿态又表示位置，那么可在矩阵中加入比例因子使之成为 4×4 矩阵；如果只表示姿态，则可去掉比例因

图 3-21   手部位姿

子得到 3×3 矩阵，或加入第四列全为 0 的位置数据以保持矩阵为方阵。这种形式的矩阵称为齐次矩阵，它们写为：

$$T = T_6 = \begin{bmatrix} n_x & o_x & a_x & p_x \\ n_y & o_y & a_y & p_y \\ n_z & o_z & a_z & p_z \\ 0 & 0 & 0 & 1 \end{bmatrix} \tag{3-27}$$

2) 连杆描述

欧拉角的表示方法：绕 Z 轴转 ϕ，再绕新 Y 轴转 θ，绕最新 Z 轴转 ψ，如图 3-21 所示。其中坐标变换是右乘，即后面的变换乘在右边：

$$\begin{aligned} \text{Euler}(\phi, \theta, \psi) &= \text{Rot}(z, \phi)\, \text{Rot}(y, \theta)\, \text{Rot}(z, \psi) \\ &= \begin{bmatrix} c\phi & -s\phi & 0 & 0 \\ s\phi & c\phi & 0 & 0 \\ 0 & 0 & 1 & 0 \\ 0 & 0 & 0 & 1 \end{bmatrix} \begin{bmatrix} c\theta & 0 & s\theta & 0 \\ 0 & 1 & 0 & 0 \\ -s\theta & 0 & c\theta & 0 \\ 0 & 0 & 0 & 1 \end{bmatrix} \begin{bmatrix} c\psi & -s\psi & 0 & 0 \\ s\psi & c\psi & 0 & 0 \\ 0 & 0 & 1 & 0 \\ 0 & 0 & 0 & 1 \end{bmatrix} \end{aligned} \tag{3-28}$$

式中，$c\phi$ 代表 $\cos\phi$，$s\phi$ 表示 $\sin\phi$，$c\theta$ 表示 $\cos\theta$，$s\theta$ 表示 $\sin\theta$，$c\psi$ 表示 $\cos\psi$，$s\psi$ 表示 $\sin\psi$。

6. 典型机器人运动学方程

例 3-2   PUMA 560 六自由度机械手由转动坐标臂（RRR）和欧拉腕组成，其结构示意图参看图 3-22，建立 PUMA 560 机器人运动学方程。关节变量为 θ_1，θ_2，…，θ_6，若已知 PUM A560 六自由度机械手 $\theta_1 = 90°$，$\theta_2 = 0°$，$\theta_3 = 90°$，$\theta_4 = 0°$，$\theta_5 = 0°$，$\theta_6 = 0°$，$a_2 =$

431.8 mm，$d_2 = 149.09$ mm，$d_4 = 433.07$ mm，$d_6 = 56.25$ mm。求 A_i（$i=1$，2，3，4，5，6）及 T_6 的表达式及当 θ_i 取给定值时末杆的位姿。

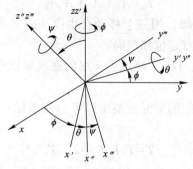

图 3-22 欧拉角

解

（1）设定机器人各杆的坐标系。

按 D-H 坐标系建立各杆的坐标系如图 3-23 所示。

将 $o_0 z_0$ 设置在关节 1 的转轴上，o_0 和 o_1 重合；$o_1 z_1$、$o_2 z_2$ 分别沿关节 2、3 的转轴方向，$o_1 z_1$ 垂直于 $o_2 z_2$。z_3 与 z_2 轴的交点为 o_3；o_2 和 o_3 重合，$d_3 = 0$。$o_3 z_3$ 是腕的第一个转轴。z_4 与 z_3 的交点为 o_4，设在臂的终端，是腕结构的中心，$o_4 z_4$ 是腕的第二个转轴；z_5 与 z_4 的交点为 o_5。o_4 和 o_5 重合，$o_5 z_5$ 是腕的第三个转轴。$o_6 x_6 y_6 z_6$ 为终端坐标系，该坐标系考虑了工具长度 d_6。y_6、x_6、z_6 的单位向量分别记为 **n**、**o**、**a**。

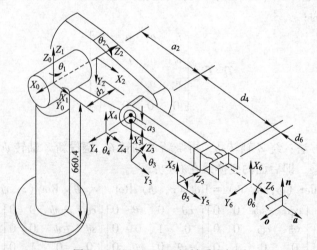

图 3-23 PUMA 560 机械手坐标系

（2）确定连杆的 D-H 参数和关节变量。

PUMA 560 机械手 D-H 参数见表 3-2。

表 3-2 PUMA 560 机械手 D-H 参数

连杆	θ_i	α_i	a_i	d_i	$\cos\alpha_i$	$\sin\alpha_i$
1	θ_1	$-90°$	0	0	0	-1

连杆	θ_i	α_i	a_i	d_i	$\cos\alpha_i$	$\sin\alpha_i$
2	θ_2	0°	a_2	d_2	1	0
3	θ_3	90°	0	0	0	1
4	θ_4	−90°	0	d_4	0	−1
5	θ_5	90°	0	0	0	1
6	θ_6	0°	0	d_6	1	0

（3）求两杆间的位姿矩阵 $\boldsymbol{A}_i$。

根据表 3-2 所示的 D-H 参数可求得 $\boldsymbol{A}_i$：

$$\boldsymbol{A}_1=\begin{bmatrix} c_1 & 0 & -s_1 & 0 \\ s_1 & 0 & c_1 & 0 \\ 0 & -1 & 0 & 0 \\ 0 & 0 & 0 & 1 \end{bmatrix},\ \boldsymbol{A}_2=\begin{bmatrix} c_2 & -s_2 & 0 & a_2c_2 \\ s_2 & c_2 & 0 & a_2s_2 \\ 0 & 0 & 1 & d_2 \\ 0 & 0 & 0 & 1 \end{bmatrix},\ \boldsymbol{A}_3=\begin{bmatrix} c_3 & 0 & s_3 & 0 \\ s_3 & 0 & -c_3 & 0 \\ 0 & 1 & 0 & 0 \\ 0 & 0 & 0 & 1 \end{bmatrix},$$

$$\boldsymbol{A}_4=\begin{bmatrix} c_4 & 0 & -s_4 & 0 \\ s_4 & 0 & c_4 & 0 \\ 0 & -1 & 0 & d_4 \\ 0 & 0 & 0 & 1 \end{bmatrix},\ \boldsymbol{A}_5=\begin{bmatrix} c_5 & 0 & s_5 & 0 \\ s_5 & 0 & -c_5 & 0 \\ 0 & 1 & 0 & 0 \\ 0 & 0 & 0 & 1 \end{bmatrix},\ \boldsymbol{A}_6=\begin{bmatrix} c_6 & -s_6 & 0 & 0 \\ s_6 & c_6 & 0 & 0 \\ 0 & 0 & 1 & d_6 \\ 0 & 0 & 0 & 0 \end{bmatrix}$$

（4）求末杆位姿矩阵。

令：$c_{ij}=\cos(\theta_i+\theta_j)$，$s_{ij}=\sin(\theta_i+\theta_j)$，可得：

$$\boldsymbol{T}_{64}=\boldsymbol{A}_5\boldsymbol{A}_6=\begin{bmatrix} c_5c_6 & -c_5s_6 & s_5 & d_6s_5 \\ s_5c_6 & -s_5s_6 & -c_5 & -d_6c_5 \\ s_6 & c_6 & 0 & 0 \\ 0 & 0 & 0 & 1 \end{bmatrix}$$

$$\boldsymbol{T}_{63}=\boldsymbol{A}_4\boldsymbol{A}_5\boldsymbol{A}_6=\begin{bmatrix} c_4c_5c_6-s_4s_6 & -c_4c_5s_6-s_4c_6 & c_4s_5 & d_6c_4s_5 \\ s_4c_5c_6+c_4s_6 & -s_4c_5s_6+c_4s_6 & s_4s_5 & d_6s_4s_5 \\ -s_5c_6 & s_5s_6 & c_5 & d_6c_5+d_4 \\ 0 & 0 & 0 & 1 \end{bmatrix}$$

$$\boldsymbol{T}_{62}=\boldsymbol{A}_3\boldsymbol{T}_{63}=\begin{bmatrix} n_{x1} & o_{x1} & a_{x1} & p_{x1} \\ n_{y1} & o_{y1} & a_{y1} & p_{y1} \\ n_{z1} & o_{z1} & a_{z1} & p_{z1} \\ 0 & 0 & 0 & 1 \end{bmatrix}$$

式中：

$n_{x1}=c_3\ (c_4c_5c_6-s_4s_6)\ -s_3s_5c_6,$　　　　$n_{y1}=s_3\ (c_4c_5c_6-s_4s_6)\ +c_3s_5c_6,$

$n_{z1}=s_4c_5c_6+c_4s_6,$　　　　$o_{x1}=c_3\ (-c_4c_5c_6-s_4c_6)\ +s_3s_5c_6,$

$o_{y1}=s_3\ (-c_4c_5c_6-s_4c_6)\ +c_3s_5s_6,$　　　　$o_{z1}=-s_4c_5c_6-s_4c_6,$

$$a_{x1}=c_3c_4s_5+s_3c_5, \qquad a_{y1}=s_3c_4s_5-c_3c_5,$$
$$a_{z1}=s_4s_5, \qquad p_{x1}=c_3c_4s_5d_6+s_3\left(c_5d_6+d_4\right),$$
$$p_{y1}=s_3c_4s_5d_6-c_3\left(c_5d_6+d_4\right), \qquad p_{z1}=s_4s_5d_6$$

$$T_{61}=A_2A_3A_4A_5A_6=\begin{bmatrix} n_{x2} & o_{x2} & a_{x2} & p_{x2} \\ n_{y2} & o_{y2} & a_{y2} & p_{y2} \\ n_{z2} & o_{z2} & a_{z2} & p_{z2} \\ 0 & 0 & 0 & 1 \end{bmatrix}$$

式中：

$$n_{x2}=c_{23}(c_4c_5c_6-s_4s_6)-s_{23}s_5s_6, \qquad n_{y2}=s_{23}(c_4c_5c_6-s_4s_6)+c_{23}s_5s_6,$$
$$n_{z2}=s_4c_5c_6+c_4s_6, \qquad o_{x2}=c_{23}(-c_4c_5c_6-s_4c_6)+s_{23}s_5s_6,$$
$$o_{y2}=s_{23}(-c_4c_5c_6-s_4s_6)-c_{23}s_5s_6, \qquad o_{z2}=-s_4c_5s_6+c_4c_6,$$
$$a_{x2}=c_{23}c_4s_5+s_{23}c_5, \qquad a_{y2}=s_{23}c_4s_5-c_{23}c_5,$$
$$a_{z2}=s_4s_5, \qquad p_{x2}=c_{23}c_4s_5d_6+s_{23}(c_5d_6+d_4)+a_2c_2,$$
$$p_{y2}=s_{23}c_4s_5d_6-c_{23}(c_5d_6+d_4)+a_2s_2, \qquad p_{z2}=s_4s_5d_6+d_2$$

可得：

$$T_6=A_1A_2A_3A_4A_5A_6=\begin{bmatrix} n_x & o_x & a_x & p_x \\ n_y & o_y & a_y & p_y \\ n_z & o_z & a_z & p_z \\ 0 & 0 & 0 & 1 \end{bmatrix}$$

式中：

$$n_x=c_1[c_{23}(c_4c_5c_6-s_4s_6)-s_{23}s_5c_6]-s_1(s_4c_5c_6+c_4s_6),$$
$$n_y=s_1[c_{23}(c_4c_5c_6-s_4s_6)-s_{23}s_5c_6]+c_1(s_4c_5c_6+c_4s_6),$$
$$n_z=-s_{23}(c_4c_5c_6-s_4s_6)-c_{23}s_5c_6,$$
$$o_x=c_1[-c_{23}(c_4c_5s_6+s_4c_6)+s_{23}s_5s_6]-s_1(-s_4c_5s_6+c_4c_6),$$
$$o_y=s_1[-c_{23}(c_4c_5s_6+s_4c_6)+s_{23}s_5s_6]+c_1(-s_4c_5s_6+c_4c_6),$$
$$o_z=s_{23}(c_4c_5s_6+s_4c_6)+c_{23}s_5s_6,$$
$$a_x=c_1(c_{23}c_4s_5+s_{23}c_5)+c_1s_4s_5,$$
$$a_y=s_1(c_{23}c_4s_5+s_{23}c_5)+c_1s_4s_5,$$
$$a_z=-s_{23}c_4s_5+c_{23}c_5,$$
$$p_x=c_1[d_6(c_{23}c_4s_5+s_{23}c_5)+s_{23}d_4+a_2c_2]-s_1(d_6s_4s_5+d_2),$$
$$p_y=s_1[d_6(c_{23}c_4s_5+s_{23}c_5)+s_{23}d_4+a_2c_2]+c_1(d_6s_4s_5+d_2),$$
$$p_z=d_6(c_{23}c_5-s_{23}c_4c_5)+c_{23}d_4+a_2s_2$$

若令 $\theta_1=90°$，$\theta_2=0°$，$\theta_3=90°$，$\theta_4=0°$，$\theta_5=0°$，$\theta_6=0°$，并将有关常量代入 T_6 矩阵，则有：

$$T_6=\begin{bmatrix} 0 & -1 & 0 & -149.09 \\ 0 & 0 & 1 & 921.12 \\ -1 & 0 & 0 & 0 \\ 0 & 0 & 0 & 1 \end{bmatrix}$$

求得结果如图 3-24 所示。

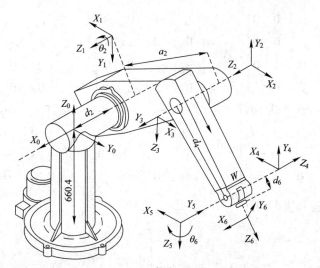

图 3-24　PUMA 560 六自由度机械手

例 3-3　建立如图 3-23 所示 PUMA 560 机器人运动学方程。

解　（1）建立 PUMA 560 机器人 D-H 坐标系，如图 3-25 所示。

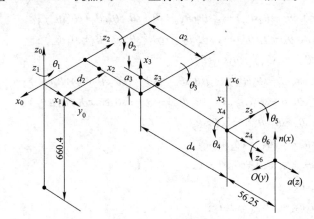

图 3-25　PUMA 560 机器人 D-H 坐标系

（2）PUMA 560 机器人的 D-H 参数表，如表 3-3 所示。

表 3-3　PUMA 560 机器人的 D-H 参数表

连杆	θ_i	α_i	a_i	d_i	$\cos\alpha_i$	$\sin\alpha_i$
1	θ_1	0°	0	0	1	0
2	θ_2	-90°	0	d_2	0	-1
3	θ_3	0°	a_2	0	1	0
4	θ_4	-90°	a_3	d_4	0	-1
5	θ_5	90°	0	0	0	1
6	θ_6	-90°	0	0	0	-1

（3）求两杆之间的位姿矩阵 $\boldsymbol{A}_i$。

$$\boldsymbol{A}_1=\begin{bmatrix} c_1 & -s_1 & 0 & 0 \\ s_1 & c_1 & 0 & 0 \\ 0 & 0 & 1 & 0 \\ 0 & 0 & 0 & 1 \end{bmatrix},\ \boldsymbol{A}_2=\begin{bmatrix} c_2 & -s_2 & 0 & 0 \\ 0 & 0 & 1 & d_2 \\ -s_2 & -c_2 & 0 & 0 \\ 0 & 0 & 0 & 1 \end{bmatrix},\ \boldsymbol{A}_3=\begin{bmatrix} c_3 & -s_3 & 0 & a_2 \\ s_3 & c_3 & 0 & 0 \\ 0 & 0 & 1 & 0 \\ 0 & 0 & 0 & 1 \end{bmatrix}$$

$$\boldsymbol{A}_4=\begin{bmatrix} c_4 & -s_4 & 0 & a_3 \\ 0 & 0 & 1 & d_4 \\ -s_4 & -c_4 & 0 & 0 \\ 0 & 0 & 0 & 1 \end{bmatrix},\ \boldsymbol{A}_5=\begin{bmatrix} c_5 & -s_5 & 0 & 0 \\ 0 & 0 & -1 & 0 \\ s_5 & c_5 & 0 & 0 \\ 0 & 0 & 0 & 1 \end{bmatrix},\ \boldsymbol{A}_6=\begin{bmatrix} c_6 & -s_6 & 0 & 0 \\ 0 & 0 & 1 & 0 \\ -s_6 & -c_6 & 0 & 0 \\ 0 & 0 & 0 & 1 \end{bmatrix}$$

机器人末端位置和姿态为：

$$\boldsymbol{T}=\boldsymbol{A}_1\boldsymbol{A}_2\boldsymbol{A}_3\boldsymbol{A}_4\boldsymbol{A}_5\boldsymbol{A}_6=\begin{bmatrix} n_x & o_x & a_x & p_x \\ n_y & o_y & a_y & p_y \\ n_z & o_z & a_z & p_z \\ 0 & 0 & 0 & 1 \end{bmatrix}$$

式中：

$n_x=c\theta_1\left[c_{23}(c\theta_4c\theta_5c\theta_6-s\theta_4s\theta_6)-s_{23}s\theta_6c\theta_6\right]+s\theta_1(s\theta_4c\theta_5c\theta_6+c\theta_4s\theta_6)$；

$n_y=s\theta_1\left[c_{23}(c\theta_4c\theta_5c\theta_6-s\theta_4s\theta_6)-s_{23}s\theta_5c\theta_6\right]-c\theta_1(s\theta_4c\theta_5c\theta_6+c\theta_4s\theta_4)$；

$n_z=-s_{23}(c\theta_4c\theta_5c\theta_6-s\theta_4s\theta_6)-c\theta_2s\theta_5c\theta_6$；

$o_x=c\theta_1\left[c_{23}(-c\theta_4c\theta_5s\theta_6-s\theta_4c\theta_6)+s_{23}s\theta_5s\theta_6\right]+s\theta_1(-s\theta_4c\theta_5s\theta_6+c\theta_4c\theta_6)$；

$o_y=s\theta_1\left[c_{23}(-c\theta_4c\theta_5s\theta_6-s\theta_4c\theta_6)+s_{23}s\theta_5s\theta_6\right]-c\theta_1(-s\theta_4c\theta_5s\theta_6+c\theta_4c\theta_6)$；

$o_z=-s_{23}(-c\theta_4c\theta_5s\theta_6-s\theta_4c\theta_6)+c_{23}s\theta_5s\theta_6$；

$a_x=-c\theta_1(c_{23}c\theta_4s\theta_5+s_{23}c\theta_5)-c\theta_1s\theta_4s\theta_5$；

$a_y=-s\theta_1(c_{23}c\theta_4s\theta_5+s_{23}c\theta_5)+c\theta_1s\theta_4s\theta_5$；

$a_z=s_{23}c\theta_4s\theta_5-c_{23}c\theta_5$；

$p_x=c\theta_1\left[a_2c\theta_2+a_3c_{23}-s_{23}d_4\right]-s\theta_1d_2$；

$p_y=s\theta_1\left[a_2c\theta_2+a_3c_{23}-s_{23}d_4\right]+c\theta_1d_2$；

$p_z=-a_3s_{23}-a_2s\theta_2-c_{23}d_4$；

式中：$c_{23}=\cos(\theta_2+\theta_3)=c\theta_2c\theta_3-s\theta_2s\theta_3$；$s_{23}=\sin(\theta_2+\theta_3)=c\theta_2s\theta_3-s\theta_2c\theta_3$。

将 θ_i 的初始值代入上式得，机器人末端初始位姿为：

$$_6^0\boldsymbol{T}=\boldsymbol{A}_1\boldsymbol{A}_2\boldsymbol{A}_3\boldsymbol{A}_4\boldsymbol{A}_5\boldsymbol{A}_6$$

$$=\begin{bmatrix} 0 & 1 & 0 & -d_2 \\ 0 & 0 & 1 & d_4+a_2 \\ 1 & 0 & 0 & a_3 \\ 0 & 0 & 0 & 1 \end{bmatrix}$$

第4章 工业机器人控制

4.1 工业机器人控制概述

4.1.1 工业机器人控制系统的特点

机器人控制的基本目的是：告诉机器人要做什么；机器人接受命令，并形成作业的控制策略；保证机器人正确地完成作业；通报作业完成的情况。

工业机器人控制系统一般是以机器人的单轴或多轴运动协调为目的的控制系统。传统的自动机械是以自身的动作为重点，而工业机器人的控制系统更着重本体与操作对象的相互关系。无论以多么高的精度控制手臂，若不能夹持并操作物体到达目标位置，作为工业机器人来说，那就失去了意义，这种相互关系是首要的。

工业机器人还有一种特有的控制方式——示教再现控制方式。当要求工业机器人完成某作业时，可预先通过移动工业机器人的手臂来示教该作业顺序、位置及其他信息。在执行时，依靠工业机器人的动作再现功能，可重复进行该作业。

工业机器人控制系统是一个与运动学和动力学原理密切相关的、有耦合的、非线性的多变量控制系统。随着实际工作情况的不同，可以采用各种不同的控制方式，从简单的编程自动化、微处理机控制到小型计算机控制等。

机器人的结构是一个空间开链机构，其各个关节的运动是独立的，为了实现末端点的运动轨迹，需要多关节的运动协调。因此，其控制系统与普通的控制系统相比要复杂得多，具体如下。

（1）机器人的控制与机构运动学及动力学密切相关。机器人手足的状态可以在各种坐标下进行描述，应当根据需要选择不同的参考坐标系，并做适当的坐标变换。经常要求正向运动学和反向运动学的解，除此之外还要考虑惯性、外力（包括重力）、哥氏力及向心力的影响。

（2）一个简单的机器人至少要有3~5个自由度，比较复杂的机器人有十几个甚至几十个自由度。每个自由度一般包含一个伺服机构，它们必须协调起来，组成一个多变量控制系统。

（3）机器人的工作任务是要求操作机的末端执行器进行空间点位运动或轨迹运动，对机器人运动的控制，需要进行复杂的坐标变化运算，以及矩阵函数的逆运算。

（4）把多个独立的伺服系统有机地协调起来，使其按照人的意志行动，甚至赋予机器人一定的"智能"，这个任务只能由计算机来完成。因此，机器人控制系统必须是一个计算机控制系统；同时，计算机软件担负着艰巨的任务。

（5）描述机器人状态和运动的数学模型是一个非线性模型，随着状态的不同和外力的变化，其参数也在变化，各变量之间还存在耦合。因此，仅仅利用位置闭环是不够的，还要利用速度甚至加速度闭环。系统中经常使用重力补偿、前馈、解耦或自适应控制等方法。

（6）机器人的动作往往可以通过不同的方式和路径来完成，因此存在一个"最优"的问题。较高级的机器人可以用人工智能的方法，用计算机建立起庞大的信息库，借助信息库进行控制、决策、管理和操作。根据传感器和模式识别的方法获得对象及环境的工况，按照给定的指标要求，自动地选择最佳的控制规律。

4.1.2　工业机器人控制系统的主要功能

1. 示教再现功能

示教再现功能是指示教人员将机器人作业的各项运动参数预先教给机器人，在示教的过程中，机器人控制系统的记忆装置就将所教的操作过程自动地记录在存储器中。当需要机器人工作时，机器人的控制系统就调用存储器中存储的各项数据，使机器人再现示教过的操作过程，由此机器人即可完成要求的作业任务。

机器人的示教再现功能易于实现，编程方便，在机器人的初期得到了较多的应用。

机器人示教的方式种类繁多，可以分为集中示教方式和分离示教方式。

1）集中示教方式

这是将机器人手部在空间的位姿、速度、动作顺序等参数同时进行示教的方式。示教一次即可生成关节运动的伺服指令。

2）分离示教方式

这是将机器人手部在空间的位姿、速度、动作顺序等参数分开单独进行示教的方式。一般需要示教多次才可生成关节运动的伺服指令，但其效果要好于集中示教方式。

2. 运动控制功能

运动控制功能是指通过对机器人手部在空间的位姿、速度、加速度等的控制，使机器人的手部按照作业的要求进行动作，最终完成给定的作业任务。

运动控制功能与示教再现功能的区别是：在示教再现控制中，机器人手部的各项运动参数是由示教人员教给它的，其精度取决于示教人员的熟练程度；而在运动控制功能中，机器人手部的各项运动参数是由机器人的控制系统经过运算得来的，且在工作人员不能示教的情况下，通过编程指令仍然可以控制机器人完成给定的作业任务。

机器人的运动控制是指机器人手部从一点移动到另一点的过程中或沿某一轨迹运动时，对其位姿、速度和加速度等运动参数的控制。

由机器人运动学可知，机器人手部的运动是由各个关节的运动引起的，所以控制机器人手部的运动实际上是通过控制机器人各个关节的运动实现的。

1）控制过程

根据机器人作业任务中要求的手的运动，通过运动学逆解和数学插补运算得到机器人各个关节运动的位移、速度和加速度，再根据动力学正解得到各个关节的驱动力（力矩）。机器人控制系统根据运算得到的关节运动状态参数控制驱动装置，驱动各个关节产生运动，从而合成手部在空间的运动，由此完成要求的作业任务。机器人运动控制过程如图 4-1 所示。

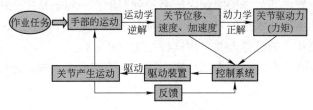

图 4-1　机器人运动控制过程

2）控制步骤

第一步：关节运动伺服指令的生成，即将机器人手部在空间的位姿变化转换为关节变量随时间按某一规律变化的函数。这一步一般可离线完成。

第二步：关节运动的伺服控制，即采用一定的控制算法跟踪执行第一步所生成的关节运动伺服指令。这一步是在线完成的。

4.1.3　工业机器人的控制方式

工业机器人的控制内容主要包括：机器人动作的顺序；应实现的路径与位置；动作时间间隔以及作用于对象物上的作用力等。

早期工业机器人的控制是通过示教再现方式进行的。控制装置是由凸轮、挡块、插销板、穿孔纸带、磁鼓、继电器等机电元件构成，示教工作一旦完成，示教再现工业机器人便开始工作。进入 20 世纪 80 年代以来的工业机器人则主要使用微型计算机系统综合实现上述装置的功能。

工业机器人控制结构的选择，是由工业机器人所执行的任务决定的。工业机器人控制的分类有多种：按运动坐标控制方式分为关节空间运动控制和直角坐标系空间运动控制；按适应程度分为程序控制系统、适应性控制系统及人工智能控制系统；按控制机器人数目分为单控系统和群控系统；按机器人手部在空间的运动控制方式分为位置控制、速度控制及力（力矩）控制；按机器人控制是否带反馈分为非伺服型控制方式和伺服型控制方式。

1. 位置控制方式

工业机器人位置控制又分为点位控制和连续路径控制两类方式。工业机器人位置控制的目的就是要使机器人各关节实现预先所规划的运动，最终保证工业机器人末端执行器沿预定的轨迹运行。

1）点位控制方式

点位控制又称为 PTP 控制，如图 4-2（a）所示。其特点是只控制机器人手部在作业空间中某些规定的离散点上的位姿。

这种控制方式的主要技术指标是定位精度和运动所需的时间。机器人只在某些指定点上进行操作，因此只要求在这些点上操作器有准确的位置和姿态，以保证操作质量。操作器在各相邻点间的运动（包括路径和姿态）不做任何规定。点位控制方式常常被应用在上下料、搬运、点焊和在电路板上插接元器件等定位精度要求不高且只要求机器人在目标点处保持手部具有准确位姿的作业中。

2）连续路径控制方式

连续路径控制又称为 CP 控制，如图 4-2（b）所示。其特点是连续控制机器人手部在作业空间中的位姿，要求其严格按照预定的路径和速度在一定的精度范围内运动。

这种控制方式的主要技术指标是机器人手部位姿的轨迹跟踪精度及平稳性。通常弧焊、喷漆、去毛边和检测作业的机器人都采用这种控制方式。

在设计控制系统时，有的机器人都具有上述两种控制方式，如对进行装配作业的机器人的控制等。

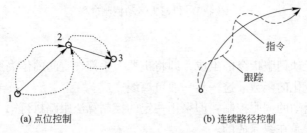

(a) 点位控制　　　　　　　　　　(b) 连续路径控制

图 4-2　点位控制与连续路径控制

2. 速度控制方式

对于工业机器人的运动控制来说，在位置控制的同时，有时还要进行速度控制。如图 4-3 所示，在连续路径控制方式的情况下，工业机器人按预定的指令，控制运动部件的速度和实行加减速，以满足运动平稳、定位准确的要求。为了实现这一要求，机器人的行程要遵循一定的速度变化曲线。

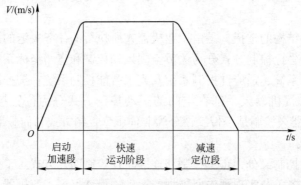

图 4-3　机器人行程的速度/时间曲线

3. 力（力矩）控制方式

在进行装配或抓取物体等作业时，工业机器人末端操作器与环境或作业对象的表面接触，除了要求准确定位之外，还要求使用适度的力（力矩）进行工作，这时就要采取力（力矩）控制方式。力（力矩）控制是对位置控制的补充。这种方式的控制原理与位置伺服控制原理也基本相同，只不过输入量和反馈量不是位置信号，而是力（力矩）信号，因此要求系统中有力（力矩）传感器。有时也利用接近觉、滑觉等功能进行适应式控制。

由于力是在两物体相互作用时才产生的，因此力控制是首先将环境考虑在内的控制问题。为了对机器人进行力控制，需要分析机器人手爪与环境的约束状态，并根据约束条件制定控制策略。如图 4-4 所示，当工业机器人手爪与环境相接触时，会产生相互作用的力，因此在考虑接触力时，必须设计某种环境模型。

力（力矩）传感器安装在工业机器人上的位置有三种：第一种可装在关节驱动器轴上，传感器测量驱动器本身输出力（力矩），但一般情况下，无法提供机器人手爪与环境接触力的信息；第二种可装在工业机器人腕部，即安装在手爪与机器人最后一个关节之间，这种方式能够比较直接地测量作用在机器人手爪上的力（力矩）；第三种可装于手爪指尖上，这种情况下测得的环境对手爪的作用力最直接，一般是在手指内部贴应变片，形成"力敏感手指"，可以测量作用于每个手指上的1～4 个分力。

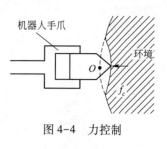

图 4-4　力控制

4. 非伺服型控制方式

非伺服型控制方式是指未采用反馈环节的开环控制方式。

在这种控制方式下，机器人作业时严格按照在进行作业之前预先编制的控制程序来控制机器人的动作顺序，在控制过程中没有反馈信号，不能对机器人的作业进展及作业的质量好坏进行监测。因此，这种控制方式只适用于作业相对固定、作业程序简单、运动精度要求不高的场合，它具有费用省，以及操作、安装、维护简单的优点。

5. 伺服型控制方式

伺服型控制方式是指采用了反馈环节的闭环控制方式。

这种控制方式的特点是在控制过程中采用内部传感器连续测量机器人的关节位移、速度、加速度等运动参数，并反馈到驱动单元构成闭环伺服控制。

如果是适应型或智能型机器人的伺服控制，则增加了机器人用外部传感器对外界环境的检测，使机器人对外界环境的变化具有适应能力，从而构成总体闭环反馈的伺服控制方式。

4.1.4　工业机器人控制系统的基本组成与结构

1. 工业机器人控制系统的基本组成

具有智能的机器人，其控制包含"任务规划""动作规划""轨迹规划""伺服控制"等多个层次。机器人首先要通过人机接口获取指令。指令的形式可以是人的自然语言，或者是由人发出的专用的指令语言，也可以是通过示教工具输入的示教指令，或者键盘输入的机器人指令语言及计算机程序指令；然后机器人对控制命令进行解释理解，把命令分解为机器人可以实现的任务，这就是任务规划。机器人针对各个任务进行动作分解，这是动作规划。为了实现机器人的一系列动作，应该对机器人每个关节的运动进行计算分析，这是机器人的轨迹规划。最底层是关节运动的伺服控制。

如图 4-5 所示，工业机器人控制系统的基本组成包括控制计算机、示教器、操作面板、硬盘和软盘存储、数字和模拟量输入/输出、打印机接口及各种传感器接口、通信接口、网络接口，以及各种辅助设备控制等。

这些基本组成可以归类为硬件和软件两类。其中，硬件主要由以下几部分组成。

（1）传感装置。该类装置用以检测工业机器人各关节的位置、速度和加速度，即感知其本身的状态，称为内部传感器。相对应的外部传感器就是所谓的视觉传感器、力觉传感器、触觉传感器、听觉传感器、滑觉传感器等，它们可以使工业机器人感知工作环境和工作对象的状态。

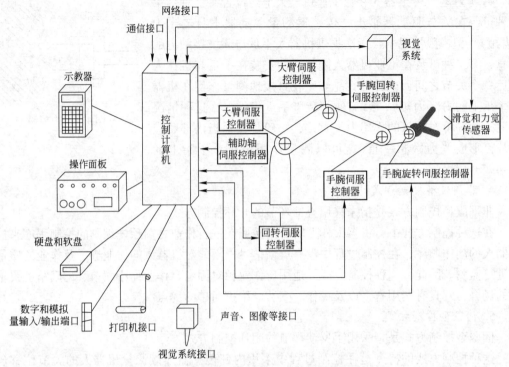

图 4-5 工业机器人控制系统的基本组成

（2）控制装置。控制装置是处理各种感觉信息，执行控制软件，产生控制指令。一般由一台微型或小型计算机及相应的接口组成。

（3）关节伺服驱动部分。这部分主要是根据控制装置的指令，按作业任务的要求驱动各关节运动。软件部分主要指控制软件，它包括运动轨迹规划算法和关节伺服控制算法与相应的动作程序。控制软件可以用任何语言来编制。

2. 工业机器人控制系统的基本结构

典型的工业机器人控制系统如图 4-6 所示，主要由上位计算机、运动控制器、驱动器、电动机、执行机构和反馈装置构成。

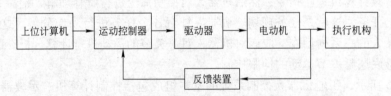

图 4-6 典型的工业机器人控制系统的基本结构

工业机器人控制系统基本结构的构成方案有三种：基于 PLC 的运动控制、基于 PC 和运动控制卡的运动控制、纯 PC 控制。

1）基于 PLC 的运动控制

（1）利用 PLC 的某些输出端口使用脉冲输出指令来产生脉冲，从而驱动电动机，同时使用通用 I/O 或者计数部件来实现电机的闭环位置控制。

（2）使用 PLC 外部扩展的位置模块来进行电机的闭环位置控制。

2）基于 PC 和运动控制卡的运动控制

运动控制器以运动控制卡为主，工控 PC 只提供插补运算和运动指令。运动控制卡完成速度控制和位置控制。基于 PC 和运动控制卡的控制器如图 4-7 所示。

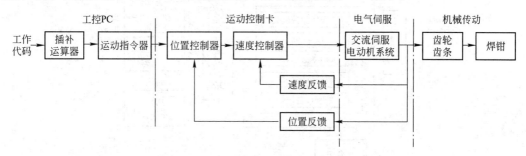

图 4-7 基于 PC 和运动控制卡的控制器

3）纯 PC 控制

纯 PC 控制即完全采用 PC 的全软件形式的机器人系统。在高性能工业 PC 和嵌入式 PC（配备专为工业应用而开发的主板）的硬件平台上，可通过软件程序实现 PLC 和运动控制等功能，实现机器人需要的逻辑控制和运动控制。纯 PC 控制的控制器如图 4-8 所示。

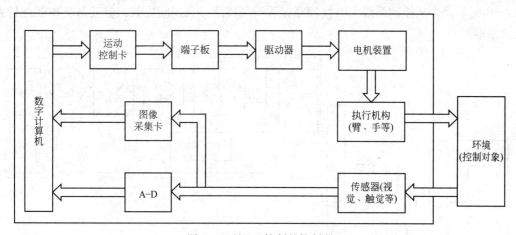

图 4-8 纯 PC 控制的控制器

3. 机器人控制系统结构分类

机器人控制系统结构按其控制方式可分为以下三类。

1）集中控制系统

集中控制系统是用一台计算机实现全部控制功能。其结构简单，成本低，但实时性差，难以扩展，在早期的机器人中常采用这种结构，其构成框图如图 4-9 所示。基于 PC 的集中控制系统里，充分利用了 PC 资源开放性的特点，可以实现很好的开放性：多种控制卡、传感器设备等都可以通过标准 PCI 插槽或通过标准串口及并口集成到控制系统中。集中控制系统的优点是：硬件成本较低，便于信息的采集和分析，易于实现系统的最优控制，整体性与协调性较好，基于 PC 的系统硬件扩展较为方便。其缺点也显而易见：系统控制缺乏灵活性，控制危险容易集中，一旦出现故障，其影响面广，后果严重；由于工业机器人的实时性要求很高，当系统进行大量数据计算，会降低系统实时性，系统对多任务的响应能力也会与系统的实时性相冲突；此外，系统连线复杂，会降低系统的可靠性。

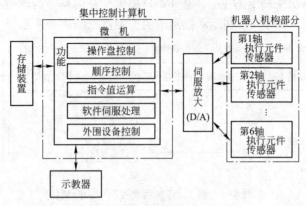

图 4-9 集中控制系统构成框图

2）主从控制系统

主从控制系统即采用主从两级处理器实现系统的全部控制功能。主 CPU 实现管理、坐标变换、轨迹生成和系统自诊断等；从 CPU 实现所有关节的动作控制。其构成框图如图 4-10 所示。主从控制系统实时性较好，适于高精度、高速度控制，但其系统扩展性较差，维修困难。

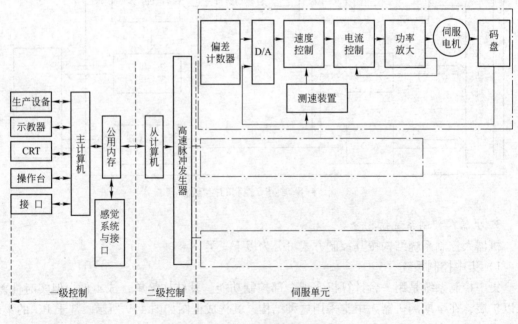

图 4-10 主从控制系统构成框图

3）分散控制系统

分散控制系统，即按系统的性质和方式将系统控制分成几个模块，每一个模块各有不同的控制任务和控制策略，各模式之间可以是主从关系，也可以是平等关系。这种方式实时性好，易于实现高速、高精度控制，易于扩展，可实现智能控制，是目前流行的方式。其控制系统框图如图 4-11 所示。其主要思想是"分散控制，集中管理"，即系统对其总体目标和任务可以进行综合协调和分配，并通过子系统的协调工作来完成控制任务，整个系统在功能、逻辑和物理等方面都是分散的，所以分散控制系统又称为集散控制系统或分散控制系统。这种结构中，子系统是由控制器和不同被控对象或设备构成的，各个子系统之间通过网络等相互通信。分散控制系统提供了一个开放、实时、精确的机器人控制系统。

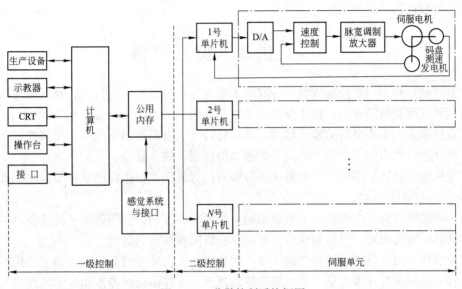

图 4-11　分散控制系统框图

分散控制系统中常采用两级伺服控制方式，如图 4-12 所示。两级控制系统通常由上位机、下位机和网络组成。上位机可以进行不同的轨迹规划和控制算法，下位机进行插补细分、控制优化等的研究和实现。上位机和下位机通过通信总线相互协调工作。机器人控制系统具体的工作过程是：主控计算机接到工作人员输入的作业指令后，首先分析解释指令，确定手部的运动参数，然后进行运动学、动力学和插补运算，最后得出机器人各个关节的协调运动参数。这些参数经过通信线路输出到伺服控制级作为各个关节伺服控制系统的给定信号。关节驱动器将此信号 D/A 转换后驱动各个关节产生协调运动，并通过传感器将各个关节的运动输出信号反馈回伺服控制级计算机，形成局部闭环控制，从而更加精确地控制机器人手部在空间的运动（作业任务要求的）。

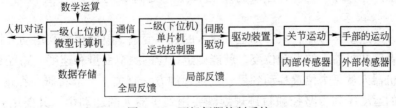

图 4-12　两级伺服控制系统

在控制过程中，工作人员可直接监视机器人的运动状态，也可从显示器等输出装置上得到有关机器人运动的信息。

分散控制系统的优点在于：系统灵活性好，控制系统的危险性较低，采用多处理器的分散控制，有利于系统功能的并行执行，提高了系统的处理效率，缩短了响应时间。

对于具有多自由度的工业机器人而言，集中控制对各个控制轴之间的耦合关系处理得很好，可以很简单地进行补偿。但是，当轴的数量增加到使控制算法变得很复杂时，其控制性能会恶化。而且，当系统中轴的数量或控制算法变得很复杂时，可能会导致系统的重新设计。与之相比，分散控制系统的每一个运动轴都由一个控制器处理，这意味着系统有较少的轴间耦合和较高的系统重构性。

4.2　机器人位置控制

位置控制也称为位姿控制或轨迹控制。工业机器人位置控制的目的，就是要使机器人各关节实现预先所规划的运动，最终保证工业机器人终端（手爪）沿预定的轨迹运行。

工业机器人大多为串接的连杆结构，其动态特性具有高度的非线性，在其控制系统的设计中，往往把机器人的每个关节当成一个独立的伺服机构来处理。

工业机器人控制模型中，通常每个关节装有位置传感器，用以测量关节位移；有时还用速度传感器（如测速电机）检测关节速度。

每一个关节是由一个驱动器单独驱动的，采用反馈控制，利用各关节传感器得到的反馈信息，计算所需的力矩，发出相应的力矩指令，以实现要求的运动。

工业机器人接受控制系统发出的关节驱动力矩矢量，装于机器人各关节上的传感器测出关节位置矢量和关节速度矢量，再反馈到控制器上，这样由反馈控制构成了工业机器人的闭环控制系统。

设计这样的控制系统，其中心问题是保证所得到的闭环系统满足一定的性能指标要求，它最基本的准则是系统的稳定性。系统是稳定的，是指它在实现所规划的路径轨迹时，即使在一定的干扰作用下，其误差仍然保持在很小的范围之内。在实际中，可以利用数学分析的方法：根据系统的模型和假设条件判断系统的稳定性和动态品质，也可以采用仿真和实验的方法判别系统的优劣。

工业机器人的控制是个多输入-多输出控制系统。把每个关节作为一个独立的系统，因而对于一个具有 m 个关节的工业机器人来说，可以把它分解成 m 个独立的单输入-单输出控制系统。这种独立关节控制方法是近似的，因为它忽略了工业机器人的运动结构特点，即各个关节之间相互耦合和随形位变化的事实。如果对于更高性能要求的机器人控制，则必须考虑更有效的动态模型、更高级的控制方法和更完善的计算机体系结构。

由机器人的运动学可知，只要知道机器人的关节变量，就能根据其运动方程确定机器人的位置，或者已知机器人的期望位姿，就能确定相应的关节变量和速度。路径和轨迹规划与受到控制的机器人从一个位置移动到另一个位置的方法有关。本节将研究在运动段①之间如何产生受控的运动序列。路径和轨迹规划既要用到机器人的运动学，又要用到机器人的动力学。

---

① 这里所述的运动段，可以是直线运动或者是依次的分段运动。

4.2.1　运动轨迹

机器人的轨迹是指操作臂在运动过程中的位移、速度和加速度。路径是机器人位姿的一定序列，而不考虑机器人位姿参数随时间变化的因素。如图 4-13 所示，机器人进行插销作业，可以描述成工具坐标系 $\{T\}$ 相对于工件坐标系 $\{S\}$ 的一系列运动，将销插入工件孔中的作业可以借助于工具坐标系的一系列位姿 P_i（$i=1$，2，3，$\cdots$，n）来描述。这种描述方法有利于描述和生成机器人的运动轨迹。

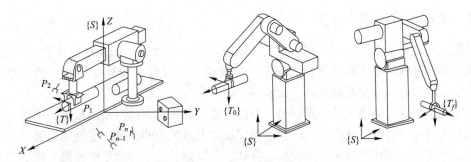

图 4-13　机器人插销作业

用工具坐标系相对于工件坐标系的运动来描述作业路径是一种通用的作业描述方法。它把作业路径描述与具体的机器人、手爪或工具分离开来，形成了模型化的作业描述方法。有了这种描述方法，就可以把图中所示的机器人从初始状态运动到终止状态的作业，看作工具坐标系从初始位置 $\{T_0\}$ 变化到终止位置 $\{T_f\}$ 的坐标变化。

4.2.2　轨迹规划

轨迹规划是根据具体作业任务要求确定轨迹参数并实时计算和生成运动轨迹。轨迹规划的一般问题有三个。

（1）对机器人的任务进行描述，即运动轨迹的描述。

（2）根据已经确定的轨迹参数，在计算机上模拟所要求的轨迹。

（3）对轨迹进行实际计算，即在运行时间内按一定的速率计算出位置速度和加速度，从而生成运动轨迹。

在轨迹规划中，不仅要规定机器人的起始点和终止点，而且要给出中间点（路径点）的位姿及路径点之间的时间分配，即给出两个路径点之间的运动时间。

轨迹规划既可以在关节空间中进行，即将所有的关键变量表示为时间的函数，用其一阶、二阶导数描述机器人的预期动作，也可以在直角坐标系空间中进行，即将手部位姿参数表示为时间的函数，而相应的关节位置、速度和加速度由手部信息导出。

机器人的基本操作方式是示教—再现，即首先示教机器人如何做，机器人记住了这个过程，于是它可以根据需要重复这个动作。操作过程中，不可能把空间位置所有的点都示教一遍使机器人记住，这样浪费内存。实际上，仅示教有特征的点，计算机就能利用插补算法获得中间点的坐标，如直线需要示教两个点，圆弧需要示教三个点，通过机器人逆向运动学算法由这些点的坐标求出机器人各关节的位置和角度（θ_1，$\cdots$，θ_n），然后由后面的角位置闭环控制系统实现要求的轨迹上的一点。继续插补并重复上述过程，从而实现要求的轨迹。机器人轨迹控制过程如图 4-14 所示。

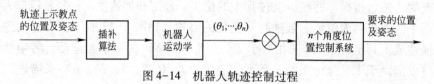

图 4-14　机器人轨迹控制过程

4.2.3　机器人轨迹插补计算

机器人实现一个空间轨迹过程，是实现轨迹离散点的过程。如果这些离散点间隔很大，机器人运动轨迹就与要求轨迹有较大误差。只有这些离散点（插补得到的）彼此很近，才有可能使机器人以足够精度逼近要求的轨迹。

实际上，机器人运动是从一点到另一点的过程。如果始末两点距离很大，成为点到点方式，机器人只保证运动经过这两点，但不能保证这两点的中间路径，也就是说其两点中间的路径不能确定。与此相反的是，连续路径方式：只要插补的中间点足够密集，能逼近要求的曲线，只有连续路径方式时才需要插补。那么，插补点要多么密集才能保证轨迹不失真和运动轨迹连续平滑呢？

1. 定时插补

从轨迹控制过程知道，每插补算出一轨迹点的坐标值，需要作为给定值，加到位置伺服系统以实现这个位置。这个过程每隔一个时间间隔 T_s 完成一次，并保证运动的平稳（不抖动），显然 T_s 不能太长。由于一般机器人机械结构大多数属于开链式，刚度不高，T_s 不能超过给定的阈值，这样就产生了一个 T_s 的上限值。当然，应当选择 T_s 接近或等于它的下限值，这样有较高的轨迹精度和平滑的运动过程。

以一个 x-y 平面里直线轨迹为例来说明定时插补，如图 4-15 所示。

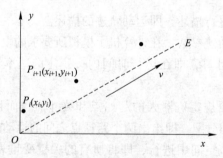

图 4-15　平面直线插补

设机器人需要运动的轨迹为直线 OE，运动速度为 v（mm/s），时间间隔为 T_s（ms）。显然，每个 T_s 间隔内机器人应该走过的距离为：

$$P_i P_{i+1} = v T_s \tag{4-1}$$

可见，两个插补点之间距离正比于要求的运动速度。两点之间的轨迹是不受控制的，只有插补点之间的距离足够小，才能以可以接受的误差逼近要求的轨迹。定时插补易于被机器人控制系统实现。例如，采用定时中断方式，每隔 T_s 中断一次，进行插补一次，计算一次逆向动力学，输出一次给定值。由于 T_s 较小，机器人沿要求的轨迹的速度一般不会很高，速度远不如数控机床、加工中心的快。所以，大多数工业机器人采用定时插补的方式。当要求更高的速度实现运动轨迹时，可采用定距插补。

2. 定距插补

如果要求两个插补点距离恒为一个足够小的值，以保证轨迹精度，那么 T_s 就要变化，也就是在此方式的情况下，插补点距离不变，但 T_s 要随着工作速度 v 的变化而变化。

定时插补和定距插补的基本算法是一样的，只是前者固定 T_s，易于实现；后者保证轨迹插补精度，但 T_s 要随 v 变化，实现起来较困难些。

3. 直线插补

直线插补和圆弧插补是机器人系统中的基本插补算法。对于非直线和圆弧轨迹可以采用直线或圆弧进行逼近，以实现这些轨迹。

直线插补是在已知该直线始末两点的位置和姿态的条件下，求各轨迹中间点的位置和姿态。由于在大多数情况下，机器人沿直线运动时姿态不变，所以无姿态插补，即保持第一个示教点时的姿态。当然，在有些情况下要求变化姿态，这就需要姿态插补，可仿照下面介绍的位置插补来解决。已知直线始末两点的坐标值 P_0 (X_0, Y_0, Z_0)、P_e (X_e, Y_e, Z_e) 及姿态，其中 P_0、P_e 是相对于基坐标的位置。这些已知的位置和姿态通常是通过示教方式得到的。设 v 为要求的沿直线运动的速度，t_s 为插补时间间隔。为减少计算量，示教完成后，可求出直线长度：$L = \sqrt{(X_e-X_0)^2 + (Y_e-Y_0)^2 + (Z_e-Z_0)^2}$，$t_s$ 间隔内行程 $d = vt$；插补总步数 N 为 $L/d+1$ 的整数部分。

$$\Delta X = (X_e-X_0) /N$$
$$\Delta Y = (Y_e-Y_0) /N$$
$$\Delta Z = (Z_e-Z_0) /N \tag{4-2}$$

各插补点坐标值为：

$$X_{i+1} = X_i + i\Delta X$$
$$Y_{i+1} = Y_i + i\Delta Y$$
$$Z_{i+1} = Z_i + i\Delta Z \tag{4-3}$$

式中，$i = 0, 1, 2, \cdots, N$。

4. 圆弧插补

（1）平面圆弧插补。平面圆弧是指圆弧平面与基坐标系的三大平面之一重合。

（2）空间圆弧插补。空间圆弧是指三维空间任一平面内的圆弧。

插补步骤为：

第一步，把三维转换成二维，找出圆弧所在平面；

第二步，利用二维平面插补算法求出插补点坐标；

第三步，把该点的坐标值转变为基础坐标下的值。

5. 关节空间的轨迹规划

在关节空间进行轨迹规划，规划路径不是唯一的，只要满足路径点上的约束条件，就可以选取不同类型的关节角度函数，生成不同的轨迹。关节空间进行轨迹规划有三次多项式插值、过路径点的三次多项式插值等。

4.2.4 笛卡尔路径轨迹规划

1. 操作对象的描述

由前面知识可知，任一刚体相对参考系的位姿是用与它固接的坐标系描述的。刚体上相对于固接坐标系的任一点用相应的位置矢量 P 表示；任一方向用方向余弦表示。给出刚体的几何图形及固接坐标系后，只要规定固接坐标系的位姿，便可重构该刚体在空间的位姿。这种轨迹规划称作笛卡尔坐标法。

如图 4-16（a）所示的螺栓，其轴线与固接坐标系的 z 轴重合。螺栓头部直径为 32 mm，中心取为坐标原点，螺栓长 80 mm，直径 20 mm，则可根据固接坐标系的位姿重构螺栓在空间（相对参考系）的位姿和几何形状。

2. 作业的描述

机器人的作业过程可用手部位姿结点序列来规定，每个结点可以用工具坐标系相对于作业坐标系的齐次变换来表示。相应的关节变量可用运动学反解程序计算。

如图 4-16（b）所示，要求机器人按直线运动，把螺栓从槽中取出并放入托架的一个孔中，用符号表示沿直线运动的各结点的位姿，使机器人能沿虚线运动并完成作业。令 $P_i(i=1,2,3,4,5)$ 为机器人手爪必须经过的直角坐标结点。参照这些结点的位姿将作业描述为如表 4-1 所示的螺栓抓取过程。

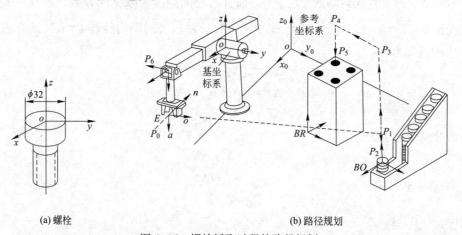

| | (a) 螺栓 | | | (b) 路径规划 | | |

图 4-16 螺栓抓取过程的路径规划

表 4-1 螺栓抓取过程

结点	P_0	P_1	P_2	P_3	P_4	P_5	P_6
目标	原始	接近螺栓	到达抓住	提升	接近托架	放入孔中	松开

每个结点 P_i，对应一个变换方程，从而解出相应机械手变换 T_6。由此得到作业描述的基本结构；作业结点 P_i 对应机械手变换 T_6。从一个变换到另一个变换通过机械手运动实现。

3. 两个结点间的直线运动

机械手在完成作业时，夹手的位姿可用一系列结点 P_i 表示。因此，在直角坐标系空间中进行轨迹规划的重要问题，即由两点 P_i 和 P_{i+1} 所定义的路径起点和终点之间如何生成一系列中间点。两结点之间最简单的路径是在空间的一个直线移动和绕某定轴的转动。

若运动时间给定之后，则可以产生一个使线速度和角速度受控的运动。要生成从结点 P_0（原位）运动到 P_1（接近螺栓）的轨迹，更一般地，从一结点 P_i 到下一结点 P_{i+1} 的运动可表示为从 ${}^0T_6 = {}^0T_B{}^BP_i{}^6T_E{}^{-1}$ 到 ${}^0T_6 = {}^0T_B{}^BP_{i+1}{}^6T_E{}^{-1}$，其中 ${}^6T_E$ 是工具坐标系 $\{T\}$ 相对末端连杆系 $\{6\}$ 的变换矩阵；${}^BP_i$ 和 ${}^BP_{i+1}$ 分别为两结点 P_i 和 P_{i+1} 相对坐标系 $\{B\}$ 的齐次变换矩阵。

如果起始点 P_i 是相对另一坐标系 $\{A\}$ 描述的，那么可通过变换过程得到：

$$ {}^0P_i = {}^0T_B^{-1}\,{}^0T_A\,{}^AP_i \tag{4-4} $$

从上述可看出，可以将气动手爪从结点 P_i 到结点 P_{i+1} 的运动看成是与气动手爪固接的坐标系的运动，按前述运动学知识可求其解。

4.3　机器人速度控制

通常希望操作手在笛卡尔空间中直线运动（或其他路径轨迹）运动。机器人速度控制，就是把笛卡尔坐标系中的运动分解为各关节的运动，然后合成为手爪在直角坐标系空间的任意轨迹运动。

4.3.1　关节坐标与直角坐标间的运动关系

末端执行器在直角坐标系的位姿用齐次变换矩阵 T_6 来表示：

$$ T_6 = \begin{bmatrix} n_x & o_x & a_x & p_x \\ n_y & o_y & a_y & p_y \\ n_z & o_z & a_z & p_z \\ 0 & 0 & 0 & 1 \end{bmatrix} = \begin{bmatrix} \boldsymbol{n} & \boldsymbol{o} & \boldsymbol{a} & \boldsymbol{p} \\ 0 & 0 & 0 & 1 \end{bmatrix} \tag{4-5} $$

手爪的姿态可以用欧拉角来表示，如图 4-17 所示。

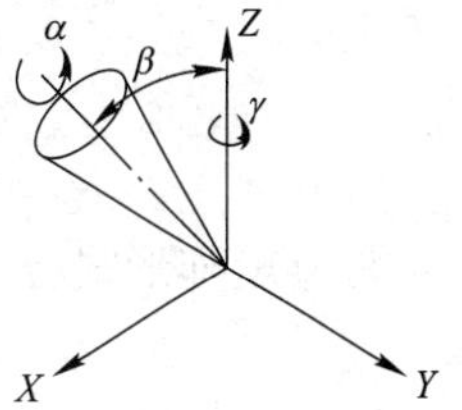

手爪的旋转矩阵 R 表示为：

图 4-17　欧拉角坐标系

$$
\begin{aligned}
R &= \begin{bmatrix} n_x & o_x & a_x \\ n_y & o_y & a_y \\ n_z & o_z & a_z \end{bmatrix} \\
&= \begin{bmatrix} \cos\alpha & -\sin\alpha & 0 \\ \sin\alpha & \cos\alpha & 0 \\ 0 & 0 & 1 \end{bmatrix} \begin{bmatrix} \cos\beta & 0 & \sin\beta \\ 0 & 1 & 0 \\ -\sin\beta & 0 & \cos\beta \end{bmatrix} \begin{bmatrix} \cos\alpha & -\sin\alpha & 0 \\ \sin\alpha & \cos\alpha & 0 \\ 0 & 0 & 13 \end{bmatrix} \\
&= \begin{bmatrix} \cos\gamma\cos\beta & -\sin\gamma\cos\alpha+\cos\gamma\sin\beta\sin\alpha & \sin\gamma\sin\alpha+\cos\gamma\sin\beta\cos\alpha \\ \sin\gamma\cos\beta & \cos\gamma\cos\alpha+\sin\gamma\sin\beta\sin\alpha & -\cos\gamma\sin\alpha+\sin\gamma\sin\beta\cos\alpha \\ -\sin\beta & \cos\beta\sin\alpha & \cos\beta\cos\alpha \end{bmatrix} \\
&= \begin{bmatrix} c\gamma c\beta & -s\gamma c\alpha+c\gamma s\beta s\alpha & s\gamma s\alpha+c\gamma s\beta c\alpha \\ s\gamma c\beta & c\gamma c\alpha+s\gamma s\beta s\alpha & -c\gamma s\alpha+s\gamma s\beta c\alpha \\ -s\beta & c\beta s\alpha & c\beta c\alpha \end{bmatrix}
\end{aligned} \tag{4-6}
$$

式中，α，β，γ 分别为进动角、章动角、自旋角三个欧拉角。[①]

---

① 为简化，用 $c\alpha$ 表示 $\cos\alpha$，$c\beta$ 表示 $\cos\beta$，$c\gamma$ 表示 $\cos\gamma$；用 $s\alpha$ 表示 $\sin\alpha$，$s\beta$ 表示 $\sin\beta$，$s\gamma$ 表示 $\sin\gamma$。

令 $\boldsymbol{P}(t)$，$\boldsymbol{\varPhi}(t)$，$\boldsymbol{V}(t)$，$\boldsymbol{\omega}(t)$ 分别代表手爪关于参考系的位置矢量、欧拉角、线速度矢量和角速度矢量，分别表示为：

$$\boldsymbol{P}(t)=\begin{bmatrix} p_x(t) & p_y(t) & p_z(t) \end{bmatrix}^{\mathrm{T}} \tag{4-7}$$

$$\boldsymbol{\varPhi}(t)=\begin{bmatrix} \alpha(t) & \beta(t) \end{bmatrix}^{\mathrm{T}} \tag{4-8}$$

$$\boldsymbol{V}(t)=\begin{bmatrix} v_x(t) & v_y(t) & v_z(t) \end{bmatrix}^{\mathrm{T}} \tag{4-9}$$

$$\boldsymbol{\omega}(t)=\begin{bmatrix} \omega_x(t) & \omega_y(t) & \omega_z(t) \end{bmatrix}^{\mathrm{T}} \tag{4-10}$$

其中 $\boldsymbol{V}(t)=\dfrac{\mathrm{d}P(t)}{\mathrm{d}t}=\dot{P}(t)$。

根据旋转矩阵的正交性，有：

$$\boldsymbol{R}^{-1}=\boldsymbol{R}^{\mathrm{T}} \Rightarrow \boldsymbol{R}\cdot\boldsymbol{R}^{\mathrm{T}}=\boldsymbol{I} \Rightarrow \frac{\mathrm{d}\boldsymbol{R}}{\mathrm{d}t}\boldsymbol{R}^{\mathrm{T}}+\boldsymbol{R}\frac{\mathrm{d}\boldsymbol{R}^{\mathrm{T}}}{\mathrm{d}t}=0 \Rightarrow$$

$$\boldsymbol{R}\frac{\mathrm{d}\boldsymbol{R}^{\mathrm{T}}}{\mathrm{d}t}=-\frac{\mathrm{d}\boldsymbol{R}}{\mathrm{d}t}\boldsymbol{R}^{\mathrm{T}}=-\begin{bmatrix} 0 & -\omega_z & \omega_y \\ \omega_z & 0 & -\omega_x \\ -\omega_y & \omega_x & 0 \end{bmatrix} \tag{4-11}$$

由上式可以得出 $\begin{bmatrix} \omega_x(t) & \omega_y(t) & \omega_z(t) \end{bmatrix}^{\mathrm{T}}$ 与 $\begin{bmatrix} \dot{\alpha}(t) & \dot{\beta}(t) & \dot{\gamma}(t) \end{bmatrix}^{\mathrm{T}}$ 之间的关系：

$$\begin{bmatrix} \omega_x(t) \\ \omega_y(t) \\ \omega_z(t) \end{bmatrix}=\begin{bmatrix} c\gamma c\beta & -s\gamma & 0 \\ s\gamma c\beta & c\gamma & 0 \\ -s\beta & 0 & 1 \end{bmatrix}\begin{bmatrix} \dot{\alpha}(t) \\ \dot{\beta}(t) \\ \dot{\gamma}(t) \end{bmatrix} \tag{4-12}$$

或

$$\begin{bmatrix} \dot{\alpha}(t) \\ \dot{\beta}(t) \\ \dot{\gamma}(t) \end{bmatrix}=\begin{bmatrix} c\gamma & s\gamma & 0 \\ -s\gamma c\beta & c\gamma c\beta & 0 \\ c\gamma s\beta & s\gamma s\beta & c\beta \end{bmatrix}\begin{bmatrix} \omega_x(t) \\ \omega_y(t) \\ \omega_z(t) \end{bmatrix} \tag{4-13}$$

写成矩阵形式：

$$\dot{\boldsymbol{\varPhi}}(t)=\boldsymbol{E}(\phi)\boldsymbol{\omega}(t) \tag{4-14}$$

利用手爪与关节之间的运动关系，已知关节速度可以求出手爪的速度和角速度，即：

$$\begin{bmatrix} V(t) \\ \omega(t) \end{bmatrix}=\boldsymbol{J}(q)\,\dot{\boldsymbol{q}}(t)=\begin{bmatrix} J_1(q) & J_2(q) & \cdots & J_6(q) \end{bmatrix}\dot{\boldsymbol{q}}(t) \tag{4-15}$$

其中 $\dot{\boldsymbol{q}}(t)=\begin{bmatrix} \dot{q}_1 & \cdots & \dot{q}_6 \end{bmatrix}^{\mathrm{T}}$ 为关节速度矢量，$\boldsymbol{J}(q)$ 为 6×6 雅可比矩阵，其第 i 列矢量 $\boldsymbol{J}_i(q)$ 由下式给出：

$$\boldsymbol{J}_i(q)=\begin{cases} \begin{bmatrix} \boldsymbol{Z}_i(\boldsymbol{p}-\boldsymbol{p}_i) \\ \boldsymbol{Z}_i \end{bmatrix} & \text{转动关节 } i \\[2ex] \begin{bmatrix} \boldsymbol{Z}_i \\ 0 \end{bmatrix} & \text{移动关节 } i \end{cases} \tag{4-16}$$

式中，$\boldsymbol{p}_i$ 是连杆 i 坐标系的原点相对于参考系的位置矢量，$\boldsymbol{Z}_i$ 代表坐标系 i 的 Z 轴单位向量，$\boldsymbol{p}$ 为手爪相对于参考系的位置矢量。

可以求出操作手的关节速度：

$$\dot{\boldsymbol{q}}(t)=\boldsymbol{J}^{-1}(q)\begin{bmatrix}\boldsymbol{V}(t)\\\boldsymbol{\omega}(t)\end{bmatrix} \tag{4-17}$$

对上式求导得到（对时间求导）手爪加速度：

$$\begin{bmatrix}\dot{\boldsymbol{V}}(t)\\\dot{\boldsymbol{\omega}}(t)\end{bmatrix}=\dot{\boldsymbol{J}}(q)\dot{\boldsymbol{q}}(t)+\boldsymbol{J}(q)\ddot{\boldsymbol{q}}(t)$$

$$=\dot{\boldsymbol{J}}(q)\boldsymbol{J}^{-1}(q)\begin{bmatrix}\boldsymbol{V}(t)\\\boldsymbol{\omega}(t)\end{bmatrix}+\boldsymbol{J}(q)\ddot{\boldsymbol{q}}(t) \tag{4-18}$$

可以求出关节加速度：

$$\ddot{\boldsymbol{q}}(t)=\boldsymbol{J}^{-1}(q)\begin{bmatrix}\dot{\boldsymbol{V}}(t)\\\dot{\boldsymbol{\omega}}(t)\end{bmatrix}-\boldsymbol{J}^{-1}(q)\dot{\boldsymbol{J}}(q)\boldsymbol{J}^{-1}(q)\begin{bmatrix}\boldsymbol{V}(t)\\\boldsymbol{\omega}(t)\end{bmatrix} \tag{4-19}$$

根据上面推导的关节坐标和直角坐标之间的运动关系，便可得到各种分解运动控制算法。

4.3.2　分解运动速度控制

机器人在直角坐标系中手爪速度和关节速度之间的关系为：

$$\dot{\boldsymbol{Z}}(t)=\boldsymbol{J}(q)\dot{\boldsymbol{q}}(t) \tag{4-20}$$

式中，$\boldsymbol{J}(q)$ 是雅可比矩阵。

分解运动速度控制框图如图 4-18 所示。

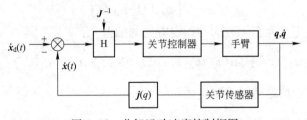

图 4-18　分解运动速度控制框图

（1）无冗余的机器人（6 自由度）：

$$\dot{\boldsymbol{q}}(t)=\boldsymbol{J}^{-1}(q)\dot{\boldsymbol{Z}}(t) \tag{4-21}$$

手端速度可以用各关节速度来实现。

（2）冗余度机器人（大于 6 自由度）：

逆雅可比矩阵不存在，可以求雅可比矩阵的广义逆，求得的关节速度解 $\boldsymbol{q}$ 不唯一，通常求在某种意义下的最优解。

带有拉格朗日乘子的目标函数 $\boldsymbol{C}$ 为：

$$\boldsymbol{C}=\frac{1}{2}\dot{\boldsymbol{q}}^{\mathrm{T}}\boldsymbol{A}\dot{\boldsymbol{q}}+\boldsymbol{\lambda}^{\mathrm{T}}[\dot{\boldsymbol{Z}}-\boldsymbol{J}(q)\dot{\boldsymbol{q}}] \tag{4-22}$$

$\boldsymbol{\lambda}$ 为拉格朗日乘子向量，$\boldsymbol{A}$ 为对称的正定矩阵。

求 $\dot{q}(t)$ 和 λ 使目标函数 C 取最小，得到：

$$\dot{q}(t) = A^{-1}J^{\mathrm{T}}(q)\lambda \tag{4-23}$$

$$\dot{Z}(t) = J(q)\dot{q}(t) = J(q)A^{-1}J^{\mathrm{T}}(q)\lambda \tag{4-24}$$

由此得到：

$$\lambda = [J(q)A^{-1}J^{\mathrm{T}}(q)]^{-1}\dot{Z}(t) \tag{4-25}$$

$$\dot{q}(t) = A^{-1}J^{\mathrm{T}}(q)[J(q)A^{-1}J^{\mathrm{T}}(q)]^{-1}\dot{Z}(t) \tag{4-26}$$

4.3.3 分解运动加速度控制

首先，计算出工具的笛卡尔坐标加速度，然后将其分解为相应的各关节加速度，再按照动力学方程计算出控制力矩。

手爪的实际位姿 $H(t)$ 和指定位姿 $H_\mathrm{d}(t)$ 的齐次变换矩阵分别为：

$$H(t) = \begin{bmatrix} n(t) & o(t) & a(t) & p(t) \\ 0 & 0 & 0 & 1 \end{bmatrix} \tag{4-27}$$

$$H_\mathrm{d}(t) = \begin{bmatrix} n_\mathrm{d}(t) & o_\mathrm{d}(t) & a_\mathrm{d}(t) & p_\mathrm{d}(t) \\ 0 & 0 & 0 & 1 \end{bmatrix} \tag{4-28}$$

手爪的位置误差为实际位置与指定位置之差 e_p：

$$\begin{aligned} e_p(t) &= p_\mathrm{d}(t) - p(t) \\ &= \begin{bmatrix} p_{\mathrm{d},x}(t) - p_x(t) \\ p_{\mathrm{d},y}(t) - p_y(t) \\ p_{\mathrm{d},z}(t) - p_z(t) \end{bmatrix} \end{aligned} \tag{4-29}$$

手爪的方向误差定义为实际方向与指定方向的偏差 e_θ：

$$e_\theta(t) = \frac{1}{2}[n(t)\times n_\mathrm{d}(t) + o(t)\times o_\mathrm{d}(t) + a(t)\times a_\mathrm{d}(t)] \tag{4-30}$$

操作臂的控制在于使这些误差减少至 0。

对于 6 杆操作臂，可以把线速度 $V(t)$ 和角速度 $\omega(t)$ 合并成 6 维矢量 $\dot{Z}(t)$：

$$\dot{Z}(t) = \begin{bmatrix} V(t) \\ \omega(t) \end{bmatrix} = J(q)\dot{q} \tag{4-31}$$

两边对 t 再求导：

$$\ddot{Z}(t) = J(q)\ddot{q} + \dot{J}(q\cdot\dot{q})\dot{q} \tag{4-32}$$

分解运动加速度的闭环控制是将手爪位姿误差减小到 0。事先规划出操作臂的直角轨迹手爪相对于基础坐标系的预期位置、速度、加速度，可对操作臂的每个关节驱动器施加力矩或力，使实际线加速度满足：

$$\dot{V}(t) = \dot{V}_\mathrm{d}(t) + K_v(v_\mathrm{d}(t) - V(t)) + K_p(p_\mathrm{d}(t) - p(t)) \tag{4-33}$$

实际角加速度应满足：

$$\dot{\omega}(t) = \dot{\omega}_\mathrm{d}(t) + K_v(\omega_\mathrm{d}(t) - \omega(t)) + K_p e_0 \tag{4-34}$$

将以上两式合并得到：

$$\ddot{\boldsymbol{Z}}(t)=\ddot{\boldsymbol{x}}_{d}(t)+\boldsymbol{K}_{v}(\dot{\boldsymbol{Z}}_{d}(t)-\dot{\boldsymbol{Z}}(t))+\boldsymbol{K}_{p}\boldsymbol{e}(t) \tag{4-35}$$

求出关节加速度：

$$\ddot{\boldsymbol{q}}(t)=\boldsymbol{J}^{-1}(q)\left[\ddot{\boldsymbol{Z}}_{d}(t)+\boldsymbol{K}_{v}(\dot{\boldsymbol{Z}}_{d}(t)-\dot{\boldsymbol{Z}}_{d}(t))+\boldsymbol{K}_{p}\boldsymbol{e}(t)-\dot{\boldsymbol{J}}(q,\dot{q})\dot{\boldsymbol{q}}(t)\right]$$

$$=-\boldsymbol{K}_{v}\dot{\boldsymbol{q}}(t)+\boldsymbol{J}^{-1}(q)\left[\ddot{\boldsymbol{Z}}_{d}(t)+\boldsymbol{K}_{v}\dot{\boldsymbol{Z}}_{d}(t)+\boldsymbol{K}_{p}\boldsymbol{e}(t)-\dot{\boldsymbol{J}}(q,\dot{q})\dot{\boldsymbol{q}}(t)\right] \tag{4-36}$$

式中 $\dot{\boldsymbol{Z}}_{d}(t)=\begin{bmatrix}\boldsymbol{V}_{d}(t)\\ \boldsymbol{\omega}_{d}(t)\end{bmatrix}$，$\boldsymbol{e}(t)=\begin{bmatrix}\boldsymbol{e}_{p}(t)\\ \boldsymbol{e}_{\theta}(t)\end{bmatrix}=\begin{bmatrix}\boldsymbol{p}_{d}(t)-\boldsymbol{p}(t)\\ \boldsymbol{\phi}_{d}(t)-\boldsymbol{\phi}(t)\end{bmatrix}$。

以上各式中，期望值为事先给定，误差值通过测量得到。

分解加速度控制原理图如图 4-19 所示。

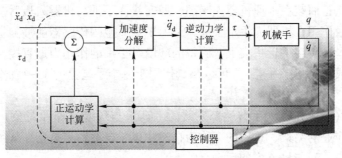

图 4-19　分解加速度控制原理图

4.3.4　机器人力控制

1. 力控制

机器人在完成一些与环境存在力作用的任务（如打磨、装配）时，单纯的位置控制会由于位置误差而引起过大的作用力，从而会伤害零件或机器人。机器人在这类运动受限环境中运动时，往往需要配合力控制来使用。

如果只对其实施位置控制，有可能由于机器人的位姿误差及作业对象放置不准，或者使手爪与作业对象脱离接触，或者使两者相碰撞而引起过大的接触力，其结果，不但使机器人手爪在空中晃动，而且造成机器人或作业对象的损伤。除了在一些自由度方向上进行位置控制外，还需要在另一些自由度方向进行力控制。

位置控制下，机器人会严格按照预先设定的位置轨迹进行运动。若机器人运动过程中遭遇到了障碍物的阻拦，从而导致机器人的位置追踪误差变大，此时机器人会努力地"出力"去追踪预设轨迹，最终导致机器人与障碍物之间产生巨大的内力。而在力控制下，以控制机器人与障碍物间的作用力为目标。当机器人遭遇障碍物时，会智能地调整预设位置轨迹，从而消除内力。

力控制是首先将环境考虑在内的控制问题。为了对机器人进行力控制，需要分析机器人手爪与环境的约束状态，并根据约束条件制定控制策略。在机器人上安装力传感器，用来检测机器人与环境接触状态的变化信息。

控制系统根据预先制定的控制策略对这些信息作出处理后，可以指挥机器人在不确定环境下进行与该环境相适应的操作，从而使机器人能胜任复杂的作业任务，这是机器人的一种智能化特征。

2. 力传感器安装

力（包括力矩）传感器的作用，是用来检测机器人自身的内部力及机器人与外界接触时相互作用的力的大小。

在进行传感器的总体设计时，需要考虑传感器的量程、精度、分辨率、过载保护以及与机器人的连接方法等问题。此外，为了获得所需的力信息，需要有多组敏感元件。敏感元件相互之间应怎样配置，才能保证应变信号提取的合理性，同时尽量避免和减少彼此间的干扰；在保持刚度的前提下，采用结构时要能提高其灵敏度。

传感器安装在关节驱动器轴上，传感器测量驱动器输出的力和力矩，这对有些控制方式是有效的，对控制决策的实现也较为有利。但一般情况下，这种方式无法提供机器人手爪与环境接触力的信息；而装在工业机器人腕部，即安放在手爪与机器人最后一个关节之间，能够比较直接地测量作用在机器人手爪上的力和力矩。典型的传感器能够测量作用于手爪的力和力矩的 6 个分量；装在手爪指尖上，测得的环境对手爪的作用力最直接，一般是在手指内部贴应变片，形成"力敏感手指"，可以测量作用于每个手指上的 1～4 个分力。

3. 作业约束

机器人手端（常为机器人手臂端部安装的工具）与环境（作业对象）接触时，环境的几何特性构成对作业的约束，这种约束称为自然约束。自然约束是指在某种特定的接触情况下自然发生的约束，而与机器人的运动无关。

例如，当手部与固定刚性表面接触时，不能自由穿过这个表面，称为自然位置约束；若这个表面是光滑的，则不能对手部施加沿表面切线方向的力，称为自然力约束。一般可将接触表面定义为一个广义曲面，沿曲面法线方向定义自然位置约束，沿切线方向定义自然力约束。

具有力反馈的控制系统如图 4-20 所示。其工作过程为：机器人开始工作时，机器人手端（或安装在手臂端部的工具）按指令要求沿目标轨迹和给定速度运动。当手端与环境接触时，安装在机器人上的接触传感器或力传感器感觉到接触的发生。机器人控制程序按新的自然约束和人工约束来执行新的控制策略，即位置与力的混合控制。

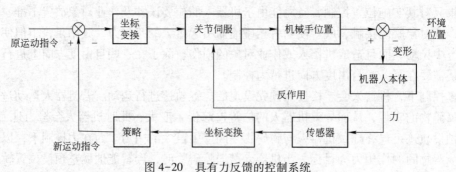

图 4-20　具有力反馈的控制系统

4. 相互力控制

相互力控制包括主动柔顺控制和被动柔顺控制。被动柔顺具有响应快、成本低廉等优点，但它的应用受到一定的限制，缺乏灵活性；主动柔顺是通过控制方法来实现的，因此不同的任务，可以通过改变控制算法来获得所需要的柔顺功能。主动柔顺具有更大的灵活性，但由于柔顺性是通过软件实现的，因而响应不如被动柔顺迅速。需要进行柔顺控制的作业任务，在完成任务的整个过程中，往往需要根据任务的不同阶段采用不同的控制策略。以销钉插孔（插轴入孔）的任务为例，图 4-21 显示了该任务操作过程的 4 个阶段。每个阶段包含了不同的约束情况，因而需采用不同的控制策略。

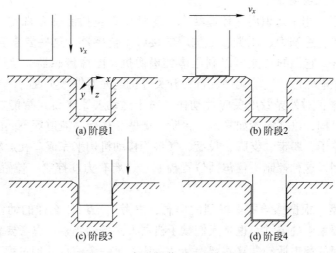

图 4-21　任务操作过程的 4 个阶段

实现柔顺控制的方法主要有两类：一类是阻抗控制，另一类是力和位置的混合控制（动态混合控制）。

阻抗控制不是直接控制期望的力和位置，而是通过控制力和位置之间的动态关系实现柔顺控制。这样的动态关系类似于电路中的阻抗概念，因而称为阻抗控制。在机械手末端施加一个作用力，相应地便会产生一个运动（如速度）。如果只考虑静态，力和位置之间的关系可以用刚性矩阵来描述。如果考虑力和速度之间的关系，可以用黏滞阻尼矩阵来描述。因此阻抗控制，就是通过适当的控制方法使机械手末端呈现需要的刚性和阻尼。

动态混合控制的基本思想是在柔顺坐标空间将任务分解为沿某些自由度的位置控制和沿另一些自由度的力控制，并在该空间分别进行位置控制和力控制的计算，然后将计算结果转换到关节空间并合并为统一的关节控制力矩，驱动机械手以实现所需要的柔顺功能。

4.4　机器人的智能控制

4.4.1　机器人智能控制要素及关键技术

1. 智能机器人定义

智能机器人之所以叫智能机器人，是因为它有相当发达的"大脑"。在脑中起作用的是中央处理器，这种计算机跟操作员有直接的联系。最主要的是，这样的计算机可以进行按目的安排的动作。正因为这样，这种机器人才是真正的机器人，尽管它们的外表可能有所不同。

广泛意义上所谓的智能机器人，给人最深刻的印象是一个独特的能够进行自我控制的"活物"。其实，这个自控"活物"的主要器官并没有像真正的人那样微妙而复杂。

智能机器人具备形形色色的内部信息传感器和外部信息传感器，如视觉、听觉、触觉、嗅觉。除具有感受器外，它还有效应器，作为作用于周围环境的手段。这就是筋肉，或称自整步电动机，它们使手、脚、长鼻子、触角等动起来。

2. 智能机器人主要要素

（1）感觉要素：用来认识周围环境状态。感觉要素包括能感知视觉、接近、距离等的非接触型传感器和能感知力、压觉、触觉等的接触型传感器。这些要素实质上相当于人的眼、鼻、耳等五官，它们的功能可以利用诸如摄像机、图像传感器、超声波传感器、激光器、导电橡胶、压电元件、气动元件、行程开关等机电元器件来实现。

（2）运动要素：对外界做出反应性动作。对于运动要素来说，智能机器人需要有一个无轨道型的移动机构，以适应诸如平地、台阶、墙壁、楼梯、坡道等不同的地理环境。它们的功能可以借助轮子、履带、支脚、吸盘、气垫等移动机构来完成。在运动过程中要对移动机构进行实时控制，这种控制不仅包括位置控制，还要有力度控制、位置与力度混合控制、伸缩率控制等。

（3）思考要素：根据感觉要素得到的信息，思考出采用什么样的动作。智能机器人的思考要素是三个要素中的关键，也是人们赋予机器人必备的要素。思考要素包括判断、逻辑分析、理解等方面的智力活动。这些智力活动实质上是一个信息处理过程，而计算机则是完成这个处理过程的主要手段。

3. 智能机器人关键技术

1）多传感器信息融合

多传感器信息融合是近年来十分热门的研究课题，它与控制理论、信号处理、人工智能、概率和统计相结合，为机器人在各种复杂、动态、不确定和未知的环境中执行任务提供了一种技术解决途径。

2）自主导航

在机器人系统中，自主导航是一项核心技术，是机器人研究领域的重点和难点问题。

3）路径规划

路径规划是机器人研究领域的一个重要分支。最优路径规划就是依据某个或某些优化准则（如工作代价最小、行走路线最短、行走时间最短等），在机器人工作空间中找到一条从起始状态到目标状态、可以避开障碍物的最优路径。

4）视觉系统

视觉系统是自主机器人的重要组成部分，一般由摄像机、图像采集卡和计算机组成。机器人视觉系统的工作包括图像的获取、图像的处理和分析、输出和显示，核心任务是特征提取、图像分割和图像辨识。

5）智能控制系统

随着机器人技术的发展，对于无法精确解析建模的物理对象以及信息不足的病态过程来说，传统控制理论暴露出缺点，近年来许多学者提出了各种不同的机器人智能控制系统。

6）人机接口

智能机器人的研究目标并不是完全取代人，复杂的智能机器人系统仅仅依靠计算机来控制在目前是有一定困难的；即使可以做到，也由于缺乏对环境的适应能力而并不实用。智能机器人系统还不能完全排斥人的作用，而是需要借助人机协调来实现系统控制。因此，设计良好的人机接口就成为智能机器人研究的重点问题之一。

4.4.2　机器人智能控制方法

智能机器人的关键技术是信息集成与协调，智能机器人面临动态、不确定、非结构化的工作环境，这就要求智能机器人对环境有较好的感知能力与自制能力，与之相应的是其控制系统能够处理复杂任务，即实现控制的智能化。按照控制系统的作用原理给出以下控制方法。

1. 机器人分层递阶控制

智能控制系统除了实现传统的控制功能外，还要实现规划、决策和学习等智能功能。因此，智能控制往往需要将智能的控制方法与常规的控制方法加以有机结合。分层递阶控制是实现这一目的的有效方法。在分层递阶控制中，上层的作用主要是模仿人的行为功能，因而主要是基于知识的系统，它所实现的规划、决策、学习、数据的存取、任务的协调等，主要是对知识进行处理；下层的作用是执行机器人具体的控制任务。

2. 专家系统

专家系统是一个智能计算机的程序系统，内部包括某领域大量专家的知识和经验，能够利用人类专家知识和解决问题的经验方法来处理该领域的高水平难题。也就是说，专家系统是一种程序系统，可看作某领域专家的经验模型，是对某领域专家经验的综合。专家系统与工程控制论相结合就形成了专家控制系统，这种控制系统为故障诊断、过程控制、解决工业控制难题等问题提供了一种新的方法。

3. 模糊控制系统

英国学者 Mamdani 在 20 世纪 80 年代初将模糊控制引进到机器人的控制中，控制结果证明了模糊控制方案具有可行性和优越性。模糊控制的基本思想是用机器去模拟人对系统的控制，而不是依赖控制对象的模型。模糊控制有三个基本组成部分：模糊化、模糊决策和精确化计算。

模糊控制系统可以看作是一种不依赖于模型的估计器，给定一个输入，便可以得到一个合适的输出，它主要依赖模糊规则和模糊变量的隶属度函数，而无须知道输入与输出之间的数学依赖关系，因此它是解决不确定性系统控制的一种有效途径。但是它对信息简单的模糊处理导致被控制系统的精度降低和动态品质变差，为了提高系统的精度则必然增加量化等级，从而导致规则的迅速增多，因此影响规则库的最佳生成，且增加了系统的复杂和推理时间。模糊控制既具有广泛的应用前景，又存在许多待开发和研究的理论问题。

模糊控制系统是基于模糊逻辑推理，模仿人类思维具有模糊性的特点，对难以建立精确数学模型的对象实施的一种规则性控制。它一方面提供了一种实现基于知识的甚至语言描述的控制规律的新机理，另一方面提供了改进非线性控制器的替代方法，这些非线性控制器一般用于控制含不确定性与难以用传统非线性控制理论处理的装置。

4. 学习控制系统

学习控制系统是一个能在其运行过程中逐步获得受控过程及环境的非预知信息，积累控制经验，并于一定评价标准下估值、分类、决策与不断改进系统品质的自动控制理论，它是对人类学习功能的一种模仿。

5. 神经网络控制系统

神经网络的研究始于 1960 年，在 1980 年后得到了快速的发展。其基本思想是从仿生学角度对人脑的神经系统进行模仿，使机器人具有人脑那样的感知、学习与推理等智能。由于其拥有并行计算、非线性处理能力，通过训练获得学习能力及自适应能力等一些适合控制的特性与能力，神经网络控制系统适用于复杂系统、大系统和多变量系统与非线性系统的控制。

近几年来，神经网络的研究目标是复杂的非线性系统的识别和控制等方面，其在控制应用上具有以下特点：能够充分逼近任意复杂的非线性系统；能够学习与适应不确定系统的动态特性；有很强的鲁棒性和容错性等。神经网络对机器人控制具有很大的吸引力，机器人的神经网络动力学控制方法中，典型的是计算力矩控制和分解运动加速度控制。多自由度的机器人控制，其输入参数多，学习时间长；为了减少训练数据样本的个数，可将整个系统分解为多个子系统，分别对每个子系统进行学习，这样就会减少网络的训练时间，实现实时控制。

6. 仿人智能控制系统

仿人智能控制系统的原形算法由周其鉴等人在 20 世纪 80 年代提出。他们认为：应将对人脑的宏观结构模拟与对人控制器的行为功能模拟结合，仿人智能控制的研究应从分层递阶智能控制的最低层次（运动控制级）着手，直接对人的控制经验、技巧，以及各种知觉推理过程进行辨别、概括和总结，汇编成各种简单实用、精度高、鲁棒性强、能实时运行的控制算法，用于实际控制系统。

7. 网络控制系统

网络控制系统是在网络环境下实现的控制系统，是指在某个区域内一些现场检测、控制及操作设备和通信线路的集合，可供设备之间的数据传输，使该区域内不同地点的设备和用户实现资源共享和协调操作。

8. 集成智能控制系统

集成智能控制系统能够集合智能控制方法等的长处，弥补各自的短处。

以上各种智能控制方法大致的共同点是：智能控制在某种意义上，是控制系统具有"人"的智能，即仿生或拟人。另外，有些智能控制系统虽然已经能很好地解决生产生活中的问题，只能单方面或多方面但不全面地阐述能体现智能特点的控制行为。

9. 变结构控制

变结构控制具有完全鲁棒性或理想鲁棒性，在机器人控制方面发挥了重要作用。尽管含有不确定性，但系统在滑动模态时仍具有对外部环境的不变性。这一点也是变结构控制与其他的鲁棒控制方法不同的地方，变结构控制特别适用于机器人的控制。因为变结构控制不需要精确的系统模型，只需要知道模型中参数的误差范围或变化范围即可。有界干扰和参数变化具有不敏感性，可消除由于哥氏力及黏性摩擦力的作用而产生的影响，控制算法相对简单，容易在线实现。但是，抖振现象是阻碍变结构控制实际应用的致命原因。因此，削弱抖振的各种改进算法也被陆续地提出来，如动态调整滑模参数、在线估计滑模参数等。

以上介绍的各种控制方法，在实际运用中往往相互融合，以达到更精确、更快速、更复杂的控制目的，具有很大的优越性。

第5章　机器人的驱动

5.1　机器人的驱动方式

5.1.1　驱动系统分类

驱动系统是机器人动力源，动力直接或经压力管路、齿轮箱或其他设备传送至运动执行机构。工业机器人驱动系统按实现的运动方式分为直线驱动机构和旋转驱动机构；按动力源分为液压驱动、气压驱动和电机驱动三种形式。其中，液压驱动和气压驱动分别适用于重工业和轻工业机器人，电机驱动适用于中、轻负载连续旋转的位移与速度等精密控制。根据需要也可由这三种基本类型组合成复合式的驱动系统。

早期的机械手和机器人中，其操作机多应用连杆机构中的导杆、滑块、曲柄，多采用液压（气压）缸（或回转缸）来实现其直线运动和旋转运动。

随着控制技术的发展，对机器人操作机各部分动作要求的不断提高，电机驱动在机器人中应用日益广泛。

1. 直线驱动机构

1）齿轮齿条

齿轮齿条是把旋转运动变为直线运动的装置。如图 5-1 所示，它主要由托板、导向杆、齿轮、齿条组成。

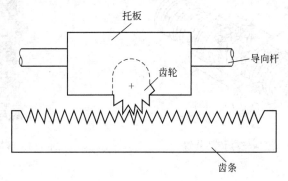

图 5-1　齿轮齿条装置

2）普通丝杠（丝杠螺母副）

普通丝杠（丝杠螺母副）传动部件是把回转运动变换为直线运动的重要部件，如图 5-2 所示。由于丝杠螺母机构是连续的面接触，传动中不会产生冲击，传动平稳，无噪声，能自锁，且由于丝杠的螺旋升角较小，所以用较小的驱动力矩也可以获得较大的牵引力。缺点是丝杠螺母的螺旋面之间的摩擦是滑动摩擦，所以传动效率较低。

图 5-2 普通丝杠（丝杠螺母副）传动装置

3）滚珠丝杠

滚珠丝杠是丝杠螺母副的改进，如图 5-3 所示。滚珠丝杠传动装置传动效率高，而且传动精度和定位精度都很高，在传动时灵敏度和平稳性也很好。由于滚珠丝杠的磨损小，其使用寿命比较长。缺点是丝杠、螺母的材料热处理和加工工艺要求很高，故成本较高。

4）液压（气压）缸

液压（气压）缸是直线往复运动的执行元件，如图 5-4 所示。液压缸利用油泵将油压入油缸，气压缸是利用空气压缩机将空气压入气缸，原理都是利用帕斯卡原理。液压缸优点是不需要润滑油，因为其工作介质就是润滑油，而且能实现远程控制，无级变速，且无噪声等。气压缸优点是质量轻，价格低廉（工作介质随处可见），能实现远程控制等；缺点是噪声大。

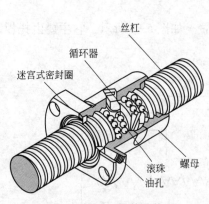

丝杠
循环器
迷宫式密封圈
滚珠
油孔
螺母

图 5-3 滚珠丝杠传动装置

图 5-4 液压（气压）缸

2. 旋转驱动机构

1）齿轮机构

齿轮机构不但可以传动运动角位移和角速度，还可以传动力和力矩，如图 5-5 所示。齿轮机构的优点是减小系统的等效转动惯量，驱动电机的响应时间缩短，使得伺服系统更加容易控制；缺点是齿轮间隙误差导致机器人手臂的定位误差的增加。

2）同步带传动机构

同步带传动机构在机器人中主要用来传递平行轴间的运动，如图 5-6 所示。同步带传

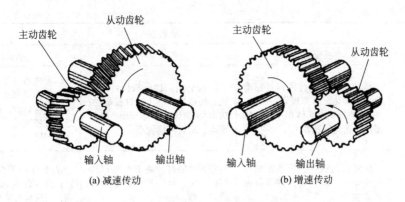

图 5-5 齿轮机构传动的基本原理

动机构的优点是传动时无滑动,传动比精确,传动平稳,速比范围大,初始拉力小,轴及轴承不易过载;缺点是制造及安装要求严格,对带的材料要求较高,成本高。

图 5-6 同步带传动机构

3. 各驱动系统的特点

液压驱动、气压驱动和电机驱动三种类型各有所长,不同的驱动系统适用于不同的场合。在实际的工程应用中,应根据实际条件选用最合适的驱动系统。三种驱动方式特点如表5-1 所示。

表 5-1 三种驱动方式特点对比

内容	驱动方式		
	液压驱动	气压驱动	电机驱动
输出功率	很大,压力范围为 50～140 Pa	大,压力范围为 48～60 Pa	较大
控制性能	利用液体的不可压缩性,控制精度较高,输出功率大,可无级调速,反应灵敏,可实现连续轨迹控制	气体压缩性大,精度低,阻尼效果差,低速不易控制,难以实现高速、高精度的连续轨迹控制	控制精度高,功率较大,能精确定位,反应灵敏,可实现高速、高精度的连续轨迹控制,伺服特性好,控制系统复杂
响应速度	很高	较高	很高

内容	驱动方式		
	液压驱动	气压驱动	电机驱动
结构性能及体积	结构适当，执行机构可标准化、模拟化，易实现直接驱动；功率/质量比大，体积小，结构紧凑，密封问题较大	结构适当，执行机构可标准化、模拟化，易实现直接驱动；功率/质量比大，体积小，结构紧凑，密封问题较小	伺服电机易于标准化，结构性能好，噪声小；电机一般需配置减速装置；除 DD 电机外，难以直接驱动；结构紧凑，无密封问题
安全性	防爆性能较好，用液压油作传动介质，在一定条件下有火灾危险	防爆性能好，高于 1 000 kPa（10 个大气压）时应注意设备的抗压性	设备自身无爆炸和火灾危险；直流有刷电机换向时有火花，对环境的防爆性能较差
对环境的影响	液压系统易漏油，对环境有污染	排气时有噪声	无
应用范围	适用于重负载、低速驱动，电液伺服系统适用于喷涂机器人、点焊机器人和托运机器人	适用于中小负载驱动、精度要求较低的有限点位程序控制机器人	适用于中小负载、要求具有较高的位置控制精度和轨迹控制精度、速度较高的机器人，如 AC 伺服喷涂机器人、点焊机器人、弧焊机器人等

5.1.2 对驱动装置的要求

驱动装置用于把驱动原件的运动传递到机器人的关节和动作部位，机器人驱动系统各有其优缺点。通常，对机器人的驱动系统的要求如下：

① 驱动系统的质量尽可能要轻，单位质量的输出功率要高，效率也要高；
② 反应速度要快，即要求能够进行频繁启动、制动，正、反转切换；
③ 驱动尽可能灵活，位移偏差和速度偏差要小；
④ 安全可靠；
⑤ 操作和维护方便；
⑥ 对环境无污染，噪声要小；
⑦ 经济上合理，尤其要尽量减少占地面积。

5.1.3 驱动系统的选用原则

一般情况下，机器人驱动系统的选用原则如下。

1. 控制方式

低速、重负载时可选用液压驱动系统，中等负载时可选用电机驱动系统，轻负载时可选用电机驱动系统，轻负载、高速时可选用气压驱动系统。

2. 作业环境要求

从事喷涂作业的工业机器人，由于工作环境需要防爆，考虑到其防爆性能，多采用电液伺服驱动系统和具有本征防爆的交流电动伺服驱动系统。

在腐蚀性、易燃易爆气体、放射性物质环境中工作的移动机器人，一般采用交流伺服驱动。如要求在洁净环境中使用，则多要求采用直接驱动电机驱动系统。

3. 操作运行速度

要求其有较高的点位重复精度和较高的运行速度，通常在速度相对较低（$v \leqslant 4.5$ m/s）情况下，可采用 AC、DC 或步进电动机伺服驱动系统；在速度、精度要求均很高的条件下，多采用直接驱动电机驱动系统。

5.1.4　驱动方式

1. 机器人关节和轴承

机器人中连接运动部分的机构称为关节。关节有转动型和移动型，分别称为转动关节和移动关节。

1）转动关节

转动关节在机器人结构中简称关节，是机器人的连接部分。它既连接各机构，又传递各机构间的回转运动（摆动），用于机座与臂部、臂部与臂部、臂部与手部等连接部位。关节由回转轴、轴承和驱动机构组成。

2）移动关节

移动关节由直线运动机构和在整个运动范围内起直线导向作用的直线导轨部分组成。直线导轨部分分为滑动导轨、滚动导轨、静压导轨和磁性悬浮导轨等形式。

一般要求机器人导轨间隙小或能消除间隙，在垂直于运动方向上要求刚度高、摩擦系数小且不随速度变化，并有高阻尼、小尺寸和小惯量。通常，由于机器人在速度和精度方面的要求很高，所以一般采用结构紧凑且价格低廉的滚动导轨。

3）轴承

在机器人结构中轴承起着相当重要的作用。用于转动关节的轴承有多种形式，球轴承是机器人结构中最常用的轴承。球轴承能承受径向和轴向载荷，摩擦力较小，对轴和轴承座的刚度不敏感。图 5-7（a）为普通向心球轴承，图 5-7（b）为向心推力球轴承，这两种轴承的每个球和滚道之间只有两点接触（一点与内滚道接触，另一点与外滚道接触）。为实现预载，此种轴承必须成对使用。图 5-7（c）为四点接触球轴承。该轴承的滚道是尖拱式半圆，球与每个滚道两点接触，该轴承通过两内滚道之间适当的过盈量实现预紧。因此，四点接触球轴承的优点是无间隙，能承受双向轴向载荷，尺寸小，承载能力和刚度比同样大小的一般球轴承高 1.5 倍；缺点是价格较高。

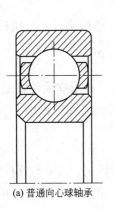
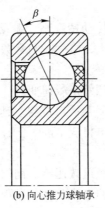
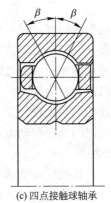

(a) 普通向心球轴承　　(b) 向心推力球轴承　　(c) 四点接触球轴承

图 5-7　球轴承

2. 直接驱动和间接驱动

1) 直接驱动

直接驱动方式是指驱动器的输出轴和机器人手臂的关节轴直接相连的方式。直接驱动方式的驱动器和关节之间的机械系统较少，因而能够减少摩擦等非线性因素的影响，控制性能比较好。然而，为了直接驱动手臂的关节，驱动器的输出转矩必须很大。此外，由于不能忽略动力学对手臂运动的影响，控制系统还必须考虑手臂的动力学问题。

高输出转矩的驱动器有液压装置和力矩电机等，其中液压装置在结构和摩擦等方面的非线性因素很强，所以很难体现出直接驱动的优点。因此，在20世纪80年代开发出的力矩电机采用了非线性的轴承机械系统，具有优良的逆向驱动能力。如图5-8所示，为使用力矩电机的直接驱动方式的关节机构。

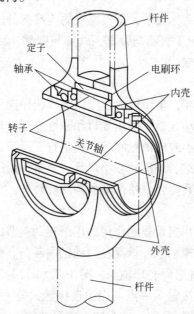

图 5-8 使用力矩电机的直接驱动方式的关节机构

使用直接驱动方式的机器人通常称为 DDR（direct drive robot，又称为 DD 机器人）。直接驱动机器人驱动电机通过机械接口直接与关节连接，驱动电机和关节之间没有速度和转矩的转换。

直接驱动机器人的优点是：机械传动精度高；振动小，结构刚度好；机械传动损耗小；结构紧凑，可靠性高；电机峰值转矩大，电气时间常数小，短时间内可以产生很大转矩，响应速度快，调速范围宽；控制性能较好。

直接驱动机器人目前存在的主要问题是载荷变化、耦合转矩及非线性转矩对驱动及控制影响显著，导致控制系统设计困难和复杂；对位置、速度的传感元件提出了相当高的要求；需要开发小型实用的直接驱动电机；电机成本高。

2) 间接驱动

间接驱动方式是把驱动器的动力经过减速器、钢丝绳、传送带或平行连杆等装置后传递给关节。间接驱动方式包含带减速器的电机驱动和远距离驱动两种。目前大部分机器人的关节是间接驱动。

（1）带减速器的电机驱动。

中小型机器人一般采用普通的直流伺服电机、交流伺服电机或步进电机作为机器人的执行电机。由于电机速度较高，输出转矩又大于驱动关节所需要的转矩，所以必须使用带减速器的电机驱动。但是，间接驱动带来了机械传动中不可避免的误差，引起冲击振动，影响机器人系统的可靠性，并增加了关节重量和尺寸。由于手臂通常采用悬臂梁结构，因而多自由度机器人关节上安装减速器会使手臂根部关节驱动器的负载增大。

（2）远距离驱动。

远距离驱动将驱动器与关节分离，目的在于减少关节体积，减轻关节重量。一般来说，驱动器的输出转矩都远远小于驱动关节所需要的转矩，因而也需要通过减速器来增大驱动力。远距离驱动的优点在于能够将多自由的机器人关节驱动所必需的多个驱动器设置在合适的位置。由于机器人手臂都采用悬臂梁结构，因而远距离驱动是减轻位于手臂根部关节驱动器负载的一种措施。

5.2　机器人的液压驱动

5.2.1　液压驱动特点

液压技术是一种比较成熟的技术，它具有动力大、快速响应高、易于实现直接驱动等特点，适于在承载能力大以及在防焊环境中工作的机器人中应用。但液压驱动系统需进行能量转换，电能转换成液压能，速度控制多数情况下采用节流调速，效率比电机驱动系统低。

液压驱动系统的液体泄漏会对环境产生污染，工作噪声也较高。近年来，在负荷为 100 kg 以下的机器人中液压驱动系统往往被电机驱动系统所取代。

液压驱动从运动形式分类，分为直线驱动（如直线运动液压缸）和旋转驱动（如液压马达、摆动液压缸）；从控制水平的高低分类，分为开环控制液压系统和闭环控制液压系统。

液压驱动具体特点如下。

1. 液压驱动的优点

（1）能够以较小的驱动器输出较大的驱动力或力矩，即获得较大的功率重量比。

（2）可以把驱动油缸直接做成关节的一部分，故结构简单紧凑，刚性好。

（3）由于液体的不可压缩性，定位精度比气压驱动高，并可实现任意位置的开停。

（4）液压驱动调速比较简单和平稳，能在很大调整范围内实现无级调速。

（5）使用安全阀可简单而有效地防止过载现象的发生。

（6）液压驱动具有润滑性能好、寿命长等特点。

2. 液压驱动的缺点

（1）油液容易泄漏。这不仅影响工作的稳定性与定位精度，而且会造成环境污染。

（2）因油液黏度随温度而变化，且在高温与低温条件下很难应用。

（3）因油液中容易混入气泡、水分等，系统的刚性降低，速度特性及定位精度变坏。

（4）需配备压力源及复杂的管路系统，因此成本较高。

液压驱动方式大多用于要求输出力较大而运动速度较低的场合。在机器人液压驱动系统中，近年来以电液伺服系统驱动最具有代表性。

5.2.2 液压驱动组成

把油压泵产生的工作油的压力能转变成机械能的装置称为液压执行器。在驱动液压执行器时，其外围设备包括形成液压的液压泵、供给工作油的导管、控制工作油流动的液压控制阀及控制阀的控制回路。

根据液压执行器输出量形式的不同，可以把它们区分为做直线运动的油压缸和做旋转运动的油压马达。液压驱动系统由以下5部分组成。

（1）液压动力元件。液压动力元件指液压泵，它是将动力装置的机械能转换成液压能的装置。其作用是为液压传动系统提供压力油，是液压传动系统的动力源。

（2）液压执行元件。液压执行元件指液压缸或液压马达，是将液压能转换为机械能的装置。其作用是在压力油的推动下输出力和速度或转矩和转速，以驱动工作装置做功。

（3）液压控制调节元件。它包括各种液压阀类元件。其作用是用来控制液压传动系统中油液的流动方向、压力和流量，以保证液压执行元件和工作装置完成指定的工作。

（4）液压辅助元件。液压辅助元件如油箱、油管、滤油器等，它们对保证液压传动系统正常工作有着重要的作用。

（5）液压工作介质。工作介质指传动液体，通常被称为液压油或液压液。

液压伺服系统的组成如图5-9所示，主要由液压源、油压驱动器、伺服阀、位置传感器、控制器、伺服放大器等组成。液压源将压力油供到伺服阀，给定位置指令值与位置传感器的实测值之差经过放大器放大后送到伺服阀。当信号输入伺服阀时，压力油被供到油压驱动器并驱动载荷。当反馈信号与输入指令值相同时，驱动器便停止工作。伺服阀在液压伺服系统中是不可缺少的一部分，它利用电信号实现液压系统的能量控制。在响应快、载荷大的伺服系统中往往采用液压驱动器，原因在于液压驱动器的输出功率与重量之比最大。

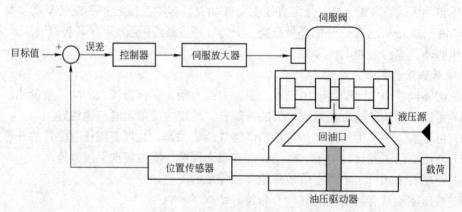

图5-9 液压伺服系统的组成

5.2.3 液压驱动系统的工作原理

1. 液压驱动系统的工作原理

液压驱动的工作原理是通过电-液转换元件对液压驱动机构进行方向、位置、速度控制，产生与电流成比例关系的液流流量，该液流驱动油缸或油马达运动。

1）活塞右行

如图 5-10 所示，液压泵由电机驱动旋转，从油箱中吸油。油液经滤油器进入液压泵，液压泵输出的压力油经管、节流阀、换向阀进入液压缸左腔，推动活塞向右移动。这时，液压缸右腔的油液可经换向阀和回油管排回油箱。

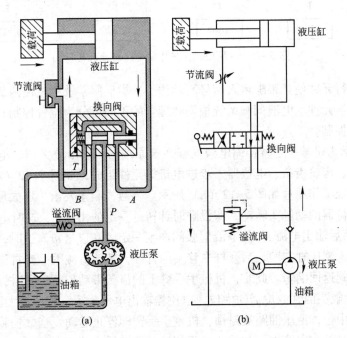

图 5-10　液压驱动系统的工作原理图

2）活塞左行

液压泵输出的油液经过节流阀和换向阀进入液压缸右腔，对活塞产生推力。与此同时，液压缸右腔的油液可经换向阀和回油管排回油箱。换向阀的阀芯有三个（左、中、右）工作位置。

3）系统保压

液压泵输出的油液全部经溢流阀和回油管排回油箱，不输送到液压缸中去。这时，液压缸停止运动，而系统保持溢流阀调定的压力。

4）系统卸荷

液压泵输出的油液经回油管排回油箱，这时液压缸就停止运动，而液压驱动系统卸荷。

从图 5-10 的工作原理图可以看出，液压驱动是以液体作为工作介质来传递动力的。液压驱动是靠液体在密封容腔（液压泵的出口到液压缸）内所形成的压力能来传递动力和运动的。液压驱动中的工作介质是在受控制、受调节的状态下进行工作的。液压驱动系统中的能量转换和传递如图 5-11 所示，这种能量的转换能够满足机器人（图 5-11 中的工作装置）运动的需要。

2. 电液伺服系统工作原理

电液伺服系统通过电气驱动方式，将电气信号输入系统来操纵有关的液压控制元件动

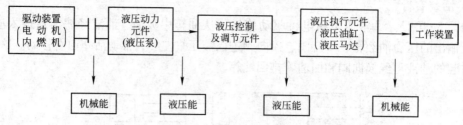

图 5-11　液压驱动系统中的能量转换和传递图

作，控制液压执行元件使其跟随输入信号而动作。这类伺服系统中电液两部分之间都采用电液伺服阀作为转换元件。电液伺服系统根据物理量的不同可分为位置控制、速度控制、压力控制和电液伺服控制。

　　图 5-12 所示为机械手手臂伸缩电液伺服系统原理图。它由放大器、电液伺服阀、液压缸、机械手手臂、齿轮齿条、电位器、步进电机等元件组成，如图 5-12（a）所示。

　　电液伺服系统工作原理如图 5-12（b）所示。当数控装置发出一定数量的脉冲时，步进电机就会带动电位器的动触头转动。假设顺时针转过一定的角度 β，这时电位器输出电压为 u，经放大器放大后输出电流 i，使电液伺服阀产生一定的开口量 qr。这时，电液伺服阀处于左位，压力油进入液压缸左腔，活塞杆右移 y 的行程，带动机械手手臂右移，液压缸右侧的油液经电液伺服阀返回油箱。此时，机械手手臂上的齿条带动齿轮也顺时针移动，当其转动角度 $\alpha=\beta$ 时，动触头回到电位器的中位，电位器输出电压为零，相应放大器输出电流为零，电液伺服阀回到中位，液压油路被封锁，机械手手臂即停止运动。当数控装置发出反向脉冲时，步进电机逆时针方向旋转，与前述过程相反，机械手手臂就会缩回。

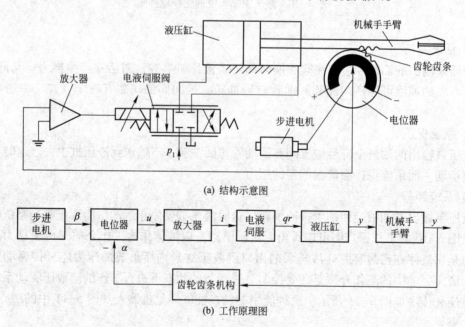

(a) 结构示意图

(b) 工作原理图

图 5-12　机械手手臂伸缩电液伺服系统原理图

　　由于机械手手臂移动的距离与输入电位器的转角成比例，机械手手臂完全跟随输入电位器的转动而产生相应的位移，所以它是一个带有反馈的位置控制电液伺服系统。

5.2.4　液压伺服系统的工作特点

　　随着液压伺服控制技术的飞速发展，液压伺服系统的应用越来越广泛，以其响应速度快、负载刚度大、控制功率大等独特的优点在工业控制中得到了广泛的应用。

　　液压伺服系统是使系统的输出量，如位移、速度或力等，能自动地、快速而准确地跟随输入量的变化而变化，与此同时，输出功率被大幅度地放大。液压伺服系统具有如下特点。

　　（1）它是反馈系统。把输出量的一部分或者全部按照一定方式送回输入端，并和输入信号比较，这就是反馈作用。滑阀与液压缸的组合整体，将液压缸的输出位移返回到输入端，与输入信号相比较，并且两者的符号相反，即反馈信号不断地抵消输入信号，这就是负反馈作用。控制系统中的反馈大多是负反馈。

　　（2）靠偏差工作。要使执行元件输出一定的位移，滑阀必须具有一定的开口量，因此输出与输入之间必须有偏差信号，执行元件的运动又试图消除这个偏差。但是在伺服系统中任何时间都不能完全消除这个偏差，伺服系统正是依靠这一偏差信号进行工作的。

　　（3）它是放大系统。执行元件输出的位移远远大于输入信号的位移，其输出的能量是由液压源供给的。

　　（4）它是跟踪系统。执行元件的输出量完全跟踪输入信号的变化。

　　针对液压伺服系统的特点，液压伺服控制系统具有的工作特点如下。

　　（1）在液压伺服系统的输入和输出之间存在反馈连接，从而组成了闭环控制系统。反馈介质可以是机械的、电气的、气动的、液压的或它们的组合形式。

　　（2）系统的主反馈是负反馈，即反馈信号与输入信号相反，用二者比较得到的偏差信号来控制液压源，控制输入液压元件的流量，使其向减小偏差的方向移动。

　　（3）系统输入信号的功率很小，但系统的输出功率却可以很大，因此它是一个功率放大装置，功率放大所需的能量由液压源提供。液压源提供能量的大小是根据伺服系统偏差大小自动进行控制的。

　　综上所述，液压伺服控制系统的工作原理就是流体动力的反馈控制。即利用反馈得到偏差信号，再利用偏差信号去控制液压源输入到系统的能量，使系统向着减小偏差的方向变化，从而使系统的实际输出与希望值相符。

5.3　机器人的气压驱动

　　气压驱动机器人是指以压缩空气为动力源驱动的机器人。气压驱动系统的组成与液压系统有许多相似之处，但在两个方面有明显的不同：空气压缩机输出的压缩空气首先储存于储气罐中，然后供给各个回路使用；气压驱动回路使用过的空气无须回收，而是直接经排气口排入大气，因而没有回收空气的回气管道。

5.3.1　气压驱动回路

　　气压驱动回路主要由气源装置、执行元件、控制元件及辅助元件四部分组成。图 5-13

为空气压缩站的设备组成示意图，它由空气压缩机、后冷却器、油水分离器、低压储气罐、干燥器、过滤器、高压储气罐等组成。

空气压缩机用于产生压缩空气，一般由电机带动。其吸气口装有空气滤清器，以减少进入空气压缩机的杂质。后冷却器用于降温冷却压缩空气，使净化的水凝结出来。油水分离器用于分离并排出降温冷却的水滴、油滴、杂质等。低压储气罐用于储存压缩空气，稳定压缩空气的压力，并除去部分油分和水分。干燥器用于进一步吸收或排除压缩空气中的水分和油分，使之成为干燥空气。空气滤清器用于进一步过滤压缩空气中的灰尘、杂质颗粒。低压储气罐输出的压缩空气可用于一般要求的气压传动系统，高压储气罐输出的压缩空气可用于要求较高的气动系统（气动仪表及射流元件组成的控制回路等）。

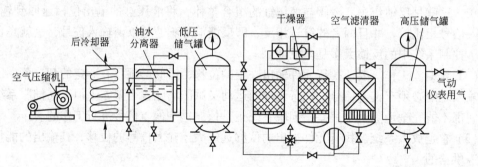

图 5-13　空气压缩站的设备组成示意图

一般规定，当排气量大于或等于 $6 \ \mathrm{m^3/min}$ 的情况下，就要单独设立空气压缩站。空气压缩站主要由空气压缩机、吸气过滤器、后冷却器、油水分离器和储气罐组成。如要求气体质量更高，还应附设气体的干燥、净化等处理装置。

气源装置由两部分组成：一是空气压缩机把大气压状态下的空气升压提供给气压传动系统，二是气源净化装置将空气压缩机所提供的含有大量杂质的压缩空气进行净化。

1. 空气压缩机

空气压缩机种类很多。空气压缩机按其压力大小分为低压（0.2～1.0 MPa）、中压（1.0～10 MPa）、高压（10 MPa 以上）三类；按工作原理为容积式和速度式。

常见容积式空气压缩机按其结构分为活塞式、叶片式和螺杆式，其中最常用的是活塞式；常见的速度式空气压缩机按结构分为离心式、轴流式和混流式等。所谓容积式，是指周期地改变气体容积的方法，即先通过缩小空气的体积，使单位体积内气体分子密度增加，形成压缩空气；速度式则是先让气体分子得到一个很高的速度，然后停滞下来，使气体的压力提高。

选择空气压缩机的基本参数是供气量和工作压力。工作压力应当和空气压缩机的额定排气压力相符，而供气量应当与所选压缩机的排气量相符。

空气压缩机本身带有空气滤清器，由于压缩空气中含有水汽、油气和灰尘，这些杂质如果被直接带入储气罐、管道及气动元件和装置中，会引起腐蚀、磨损、阻塞等一系列问题，从而造成气动系统效率和寿命降低、控制失灵等严重后果。

图 5-14 为往复活塞式空气压缩机工作原理图。

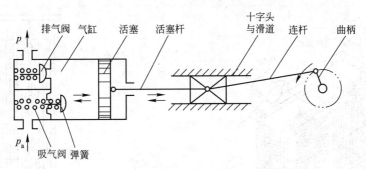

图 5-14 往复活塞式空气压缩机工作原理图

其工作过程如下。

当活塞向右运动时，左腔压力低于大气压力，吸气阀被打开，空气在大气压力作用下进入气缸内，这个过程称为"吸气过程"。

当活塞向左移动时，吸气阀在缸内压缩气体的作用下关闭，缸内气体被压缩，这个过程称为"压缩过程"。

当气缸内空气压力增高到略高于输气管内压力后，排气阀被打开，压缩空气进入输气管道，这个过程称为"排气过程"。

2. 气源净化辅助设备

气源净化辅助设备包括后冷却器、油水分离器、储气罐、干燥器、过滤器等。

1）后冷却器

后冷却器安装在空气压缩机出口处的管道上。它对空气压缩机排出的高达 150 ℃ 左右的压缩空气降温至 40~50 ℃，同时使混入压缩空气的水汽和油气凝聚成水滴和油滴，再经油水分离器析出。

后冷却器主要有风冷式和水冷式两种。风冷式后冷却器是靠风扇产生的冷空气吹向带散热片的热气管道来降低压缩空气温度的。它不需要循环冷却水，所以具有占地面积小、使用及维护方便等特点。风冷式后冷却器如图 5-15 所示，其工作原理是压缩空气通过管道，由风扇产生的冷空气强迫吹向管道，冷热空气在管道壁面进行热交换。风冷式后冷却器能将压缩机产生的高温压缩空气冷却到 40 ℃ 以下，从而有效地除去空气中的水分。

水冷式后冷却器有蛇管式、套管式、列管式和散热片式等。如图 5-16 所示为列管式后冷却器，其工作原理是压缩空气在管内流动，冷却水在管外水套中流动，在管道壁面进行热交换。水冷式后冷却器散热面积比风冷式冷却器大许多倍，热交换均匀，效率高。

2）油水分离器

油水分离器的作用是分离压缩空气中凝聚的水分、油分和灰尘等杂质，使压缩空气初步得到净化，其结构形式有环形回转式、撞击折回式、离心旋转式、水浴式及以上形式的组合等。图 5-17 为撞击折回式油水分离器。

当压缩空气由入口进入分离器壳体后，气流先受到隔板阻挡而被撞击折回向下（见图 5-17 中箭头所示流向），之后又上升产生环形回转。这样凝聚在压缩空气中的油滴、水滴等杂质因惯性而分离析出，沉降于壳体底部，由放水阀定期排出。

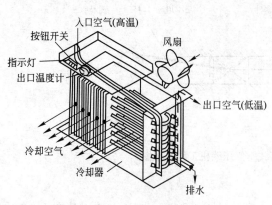

图 5-15　风冷式后冷却器

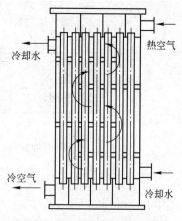

图 5-16　列管式后冷却器

3）储气罐

储气罐的作用是储存一定量的压缩空气，保证供给气动装置连续稳定的压缩空气，并减小气流脉动所造成的管道振动；同时，还可进一步分离油水杂质。储气罐上通常装有安全阀、压力表、排污阀等。

储气罐一般采用圆筒状焊接结构，有立式和卧式两种，以立式居多。立式储气罐的高度为其直径的2~3倍，同时应使进气管在下，出气管在上，并尽可能加大两管之间的距离，以利于进一步分离空气中的油水。立式储气罐结构如图5-18所示。

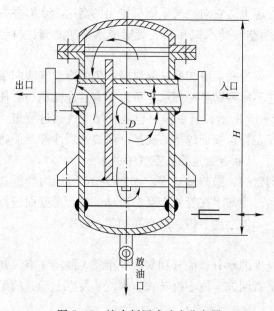

图 5-17　撞击折回式油水分离器

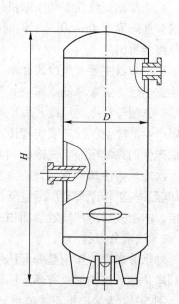

图 5-18　立式储气罐结构

在选择储气罐的容积 V 时，一般都是以空气压缩机每分钟的排气量 Q 为依据进行选择。即：

当 $Q<6.0$ m^3/min 时，取 $V=0.2Q$（m^3）；

当 $Q=6.0\sim30$ m³/min 时，取 $V=0.15Q$（m³）；

当 $Q>30$ m³/min 时，取 $V=0.1Q$（m³）。

4）干燥器

经过后冷却器、油水分离器和储气罐后得到初步净化的压缩空气，已满足一般气压传动的需要，但压缩空气中仍含一定量的油、水及少量的粉尘。如果用于精密的气动装置、气动仪表等，上述压缩空气还必须进行干燥处理。压缩空气干燥方法主要采用吸附法和冷却法。

图 5-19 为吸附式干燥器结构图。其外壳呈筒形，其中分层设置栅板、吸附剂、滤网等。湿空气从进气管进入干燥器，通过上吸附剂层、过滤网（C）、上栅板和下吸附剂后，因其中的水分被吸附剂吸收而变得很干燥。然后，再经过过滤网、下栅板和过滤网（A），干燥洁净的压缩空气便从输出管排出。

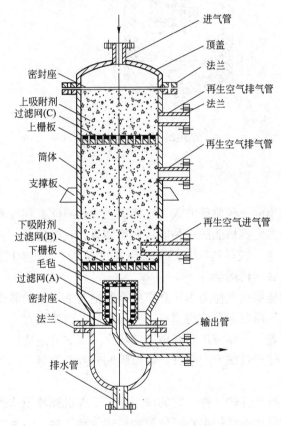

图 5-19　吸附式干燥器结构图

5）过滤器

对要求高的压缩空气，经干燥处理之后，需要再经过二次过滤。过滤器大致有陶瓷过滤器、焦炭过滤器、粉末冶金过滤器及纤维过滤器等。

过滤器的作用是进一步滤除压缩空气中的杂质。常用的过滤器有一次性过滤器（也称简易过滤器，滤灰效率为 50%～70%）；二次过滤器（滤灰效率为 70%～99%）。在要求高的特殊场合，还可使用高效率的过滤器。

如图 5-20 所示为一种一次性过滤器，气流沿切线方向进入筒内，在离心力的作用下分离出液滴，然后气体由下而上通过多片钢板、毛毡、硅胶、焦炭、滤网等过滤吸附材料，干燥清洁的空气从筒顶输出。

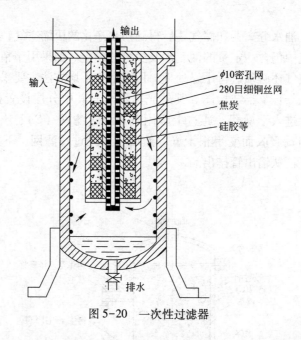

图 5-20　一次性过滤器

5.3.2　气压驱动器

气压驱动器是最简单的一种驱动方式，气体驱动元件有气缸和气动马达两种。气缸是利用压缩空气的压力能转换为机械能的一种能量转换装置，它输出力，驱动部件做直线往复运动或往复摆动。气动马达（气马达）是把压缩空气的压力能转变为机械能的能量转换装置，它输出力矩，驱动部件做回转运动。

气压驱动器除了用压缩空气作为工作介质外，其他与液压驱动器类似。气缸和气动马达是典型的气压驱动器。气压驱动器结构简单、安全可靠、价格便宜。但是，由于空气的可压缩性、精度、可控性较差，不能应用在高精度的场合。与油马达比较，气动马达可以长时间满载工作，温升很小，输送系统安全便宜，可以瞬间升到全速等。

1. 叶片式气动马达

气动马达是气动执行元件的一种，它的作用相当于电机或液压马达，即输出力矩，拖动机构做回转运动。气动马达按结构形式可分为叶片式气动马达、活塞式气动马达和齿轮式气动马达等。

如图 5-21 所示为叶片式气动马达，主要包括一个径向装有 3~10 个叶片的转子，转子偏心安装在定子内，转子两侧分别有前后盖板，叶片在转子的槽内可径向滑动，叶片底部通有压缩空气，转子转动是靠离心力和叶片底部气压将叶片紧压在定子内表面上。定子内有半圆形的切沟，提供压缩空气及排出废气。

空气的可压缩性，使得气缸的特性与液压油缸的特性有所不同。空气的温度和压力变化时将导致密度的变化，所以采用质量流量比体积流量更方便。假设气缸不受热的影响，则质量流量 Q_M 与活塞速度 v 之间有如下关系：

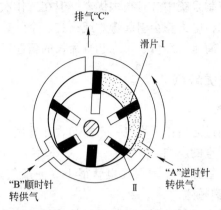

图 5-21　叶片式气动马达

$$Q_{\mathrm{M}} = \frac{1}{RT}\left(\frac{V}{k}\times\frac{\mathrm{d}p}{\mathrm{d}t}+pAv\right) \tag{5-1}$$

式中，R 为气体常数，T 为绝对温度，V 为气缸腔的容积，k 为比热常数，p 为气缸腔内压力，A 为活塞的有效受压面积。

可以看出在系统中，活塞速度与流量之间的关系比较复杂；气动系统所产生的力与液压系统相同，可以用相同的公式来表达。气动马达的噪声较大，有时要安装消声器。叶片式气动马达的优点是转速高、体积小、重量轻，其缺点是气动启动力矩较小。

2. 气压驱动的控制结构

图 5-22 为气压驱动器的控制原理示意图。它由放大器、电动部件及变速器、位移-气压变换器和气-电变换器等组成。放大器把输入的控制信号放大后去推动电动部件及变速器，电动部件及变速器把电能转化为机械能，产生线位移或角位移；最后通过位移-气压变换器产生与控制信号相对应的气压值。位移-气压变换器是喷嘴挡板式气压变换器。气-电变换器把输出的气压变成电量来显示或反馈。

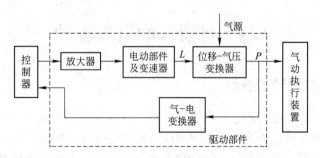

图 5-22　气压驱动器的控制原理示意图

3. 空气控制阀和气动逻辑元件

空气控制阀是气动控制元件，它的作用是控制和调节气路系统中压缩空气的压力、流量和方向，从而保证气动执行机构按规定的程序正常进行工作。

空气控制阀有压力控制阀、流量控制阀和方向控制阀三类。

气动逻辑元件通过可动部件的动作进行元件切换而实现逻辑功能。

电器元件应用在自动控制系统中具有很多优点，但在工作次数极为频繁的电磁阀或继电器中，其寿命不易满足要求，电火花会引起爆炸或火灾。全气动控制系统中，采用气动逻辑元件给自动控制系统提供了简单、经济、可靠和寿命长的新途径。

5.3.3　气压驱动系统的优缺点

1. 气压驱动系统的优点

（1）空气取之不竭，用过之后排入大气，不需回收和处理，不污染环境，偶然地或少量地泄漏不至于对生产产生严重的影响。

（2）空气的黏性很小，管路中压力损失也就很小（一般气路阻力损失不到油路阻力损失的千分之一），便于远距离输送。

（3）压缩空气的工作压力较低，因此对气动元件的材质和制造精度要求可以降低。一般来说，往复运动推力在1~2吨以下采用气压驱动系统，经济性较好。

（4）与液压驱动系统相比，气压驱动系统的动作和反应都快，这是其突出优点之一。

（5）空气介质清洁，不会变质，管路不易堵塞。

（6）可安全地应用在易燃易爆和粉尘大的场合，同时便于实现过载自动保护。

2. 气压驱动系统的缺点

（1）气控信号比电子和光学控制信号慢得多，它不能用在信号传递速度要求很高的场合。

（2）空气的可压缩性，致使气动工作的稳定性较差，因而造成执行机构运动速度和定位精度不易控制。

（3）由于气压较低输出力不可能太大，为了增加输出力，必然使整个气压驱动系统的结构尺寸加大。

（4）气动的效率还是较低的。这是由于空气压缩机的效率为55%，压缩空气用过之后排空又损失了一部分能量。

（5）噪声大。

5.4　机器人的电气驱动

5.4.1　机器人电气驱动的分类

电气驱动是利用各种电机产生力和力矩，直接或间接地经过机械传动去驱动执行机构，以获得机器人的各种运动。因为省去了中间能量转换的过程，所以比液压驱动及气压驱动效率高，具有无环境污染、易于控制、运动精度高、成本低、驱动效率高等优点，应用最为广泛。电气驱动可分为步进电机驱动、直流伺服电机驱动、交流伺服电机驱动、直线电机驱动四类。交流伺服电机驱动具有大的转矩质量比和转矩体积比，没有直流伺服电机驱动所需的电刷和整流子，因而可靠性高，运行时几乎不需要维护，可用在防爆场合，因此在现代机器人中应用广泛。

1. 步进电机驱动

步进电机是一种将输入脉冲信号转换成相应角位移或线位移的旋转电机。步进电机的输入量是脉冲序列，输出量则为相应的增量位移或步进运动。正常运动情况下，它每转一周具有固定的步数；做连续步进运动时，其旋转转速与输入脉冲的频率保持严格的对应关系，不受电压波动和负载变化的影响。由于步进电机能直接接受数字量的控制，因而特别适宜采用计算机进行控制，是位置控制中不可或缺的执行装置。

步进电机是通用、耐久和简单的电机，可以应用在许多场合。在大多数应用场合，使用步进电机时不需要反馈，这是因为步进电机每次转动时步进的角度是已知的。由于它的角度位置总是已知的，因而也就没必要反馈，所以其电路简单，容易由计算机控制，且停止时能保持转矩，维护也比较方便；但工作效率低，容易引起失步，有时也会产生振荡现象。步进电机有不同的形式和工作原理，每种类型的步进电机都有一些独特的特性，适合于不同的应用场合。大多数步进电机可通过不同的连接方式，工作在不同的工作模式下。

步进电机种类繁多，但通常有永磁式步进电机、反应式步进电机和永磁感应子式步进电机三种，如图 5-23 所示。

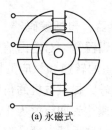 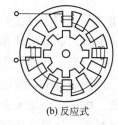 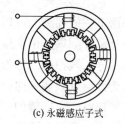

(a) 永磁式　　　　　　(b) 反应式　　　　　　(c) 永磁感应子式

图 5-23　步进电机的结构

（1）永磁式步进电机。永磁式步进电机的转子为圆筒形永磁钢，定子位于转子的外侧，定子绕组中流过电流时产生定子磁场。定子和转子磁场间相互作用，产生吸引力或排斥力，从而使转子旋转。永磁式步进电机一般为两相，转矩和体积较小，步距角一般为 7.5° 或 15°。该步进电机结构简单，生产成本低，步距角大，启动频率低，动态性能差。

（2）反应式步进电机。反应式步进电机的转子由齿轮状的低碳钢构成，转子在通电磁场的作用下，旋转到磁阻最小的位置。反应式步进电机动态性能好，但步距角大。

（3）永磁感应子式步进电机。它的定子结构与反应式步进电机相同，而转子由环形磁钢和两段铁芯组成。与反应式步进电机一样，可以使其具有小步距和较高的启动频率，同时又有永磁式步进电机控制功率小的优点。其缺点是由于采用的磁钢分成两段，致使制造工艺和结构比反应式步进电机复杂。

步进电机的特点有：输出角与输入脉冲严格成比例，且在时间上同步，步距角不受各种干涉因素（如电压的大小、电流的数值、波形等）的影响，转子的速度主要取决于脉冲信号的频率，总的位移量则取决于总脉冲数；容易实现正反转和启停控制，启停时间短；输出转角的精度高，无积累误差；实际步距角与理论步距角总有一定的误差，且误差可以累加，但当步进电机转过一周后，总的误差又回到零；直接由数字信号控制，与计算机接口方便；维修方便，寿命长。

2. 直流伺服电机驱动

在 20 世纪 80 年代以前，机器人广泛采用永磁式直流伺服电机作为执行机构。近年来，直流伺服电机受到无刷电机的挑战和冲击，但在中小功率的系统中，永磁式直流伺服电机还是常常使用的。

作为控制用的电机，直流伺候电机具有启动转矩大、体积小、质量轻、转矩和转速容易控制、效率高等优点，但是由于有电刷和换向器，因而寿命短、噪声大。为克服这一缺点，人们研制出了无刷直流电机。在进行位置控制和速度控制时，需要使用转速传感器，实现位置、速度负反馈的闭环控制方式。

无刷直流电机是直流电机和交流电机的混合体，虽然其结构与交流电机不完全相同，但二者具有相似之处。无刷直流电机工作时使用的是开关直流波形，这和交流电相似（正弦波或梯形波），但频率不一定是 60 Hz。因此，无刷直流电机不像交流电机，它可以工作在任意速度，包括很低的速度。为了正确地运转，需要一个反馈信号来决定何时改变电流方向。实际上，装在转子上的旋转变压器、光学编码器或霍尔效应传感器都可以向控制器输出信号，由控制器来切换转子中的电流。为了保证运行平稳、力矩稳定，转子通常有三相，利用相位差 120° 的三相电流给转子供电。无刷直流电机通常由控制电路控制运行；若直接接在直流电源上，它不会运转。

为实现伺服电机的控制，可以使用多种不同类型的传感器，包括编码器、旋转变压器、电位器和转速计等。如果采用了位置传感器，如电位计和编码器等，对输出信号进行微分就可以得到速度信号，其控制原理如图 5-24 所示。可以用期望的转速和相应的期望转矩运动到期望转角。为此，反馈装置向伺服电机控制器电路发送信号，提供电机的角度和速度。如果负载增大，转速就会比期望的转速低，电流就会增大至转速达到期望值为止。如果信号显示速度比期望值高，那么电流就会相应减小。如果还使用了位置反馈，那么位置信号用于在转子达到期望的角位置时关闭电机。

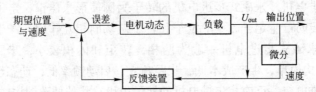

图 5-24　伺服电机控制器的控制原理示意图

3. 交流伺服电机驱动

1）交流伺服电机类型

交流伺服电机分为同步型和感应型两种。

同步型采用永磁结构的同步电机，又称为无刷直流伺服电机。同步型交流伺服电机虽较感应电机复杂，但比直流电机简单。它的定子与感应电机一样，都在定子上装有对称三相绕组。转子却不同，按不同的转子结构又分电磁式及非电磁式两大类。其特点为：无接触换向部件；需要磁极位置检测器（如编码器）；具有直流伺服电机的全部优点。

感应型电机有三相和单相之分，也有鼠笼式和线绕式，通常多用鼠笼式三相感应电机。其特点为：对定子电流的激励分量和转矩分量分别控制；具有直流伺服电机的全部优点。

2）交流伺服电机控制方法

异步电机转速的基本关系式为：

$$n = \frac{60f}{p}\ (1-S)\ = n_0\ (1-S) \tag{5-2}$$

式中：n——电机转速；

$\qquad f$——电源电压频率；

$\qquad p$——电机磁极对数；

$n_0 = \dfrac{60f}{p}$——电机定子旋转磁场转速或称同步转速。

另外，$S = \dfrac{n_0 - n}{n_0}$，转差率。

可见，改变异步电机转速的方法有三种：改变电机磁极对数 p 调速，改变转差率 S 调速和改变电源电压频率 f 调速。

（1）改变电机磁极对数 p 调速。一般所见的交流电机磁极对数不能改变，磁极对数可变的交流电机称为多速电机。通常，磁极对数设计成 4/2，8/4，6/4，8/6/4 等几种。显然，磁极对数只能成对改变，转速只能成倍改变，速度不可能平滑调节。

（2）改变转差率 S 调速。此办法只适用于绕线式异步电机，在转子绕组回路中串入电阻使电机机械特性变软，转差率增大。串入电阻越大，转速越低。

（3）改变电源电压频率 f 调速。如果电源频率能平滑调节，那么速度也就可能平滑改变。目前，高性能的调速系统大都采用这种方法，设计了专门为电机供电的变频器。

4. 直线电机驱动

直线电机是一种将电能直接转换成直线运动机械能，而不需要任何中间转换机构的传动装置。它可以看成是一台旋转电机按径向剖开，并展成平面而成，如图 5-25 所示。转子是用环氧材料把线圈压缩在一起制成的，磁轨是把磁铁（通常是高能量的稀土磁铁）固定在钢轨上。电机的转子包括线圈绕组霍尔元件电路板、电热调节器（温度传感器监控温度）和电子接口。

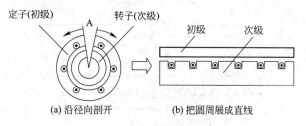

图 5-25　直线电机

目前直线电机主要应用的机型有直线感应电机、直线直流电机和直线步进电机三种。

与旋转电机相比，直线电机传动主要的优点包括直线电机由于不需要中间传动机械，因而整个机械得到简化，提高了精度，减少了振动和噪声；快速响应，用直线电机驱动时，由于不存在中间传动机构惯量和阻力矩的影响，因而加速和减速时间短，可实现快速启动和正反向运行；仪表用的直线电机，可省去电刷和换向器等易损零件，提高了可靠性，延长了寿命；直线电机由于散热面积大，容易冷却，所以允许较高的电磁负荷，提高了电机的容量定额；装配灵活性大，可将电机和其他机件合成一体。

1）直线感应电机

直线感应电机可以看作是由普通的旋转感应电机直接演变而来的。图 5-26（a）表示一台旋转的感应电机，设想将它沿径向剖开，并将定子、转子沿圆周方向展出直线，如图 5-26（b）所示，这就得到了最简单的平板型直线感应电机。由定子演变而来的一侧称为初级，由转子演变而来的一侧称作次级。直线感应电机的运动方式可以是固定初级，让次级运动，此称为动次级；相反，也可以固定次级而让初级运动，则称为动初级。

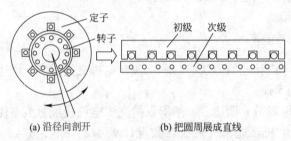

(a) 沿径向剖开   (b) 把圆周展成直线

图 5-26　直线感应电机

图 5-27 中直线感应电机的初级和次级长度是不等的。因为初、次级要做相对运动，假定在开始时初、次级正好对齐，那么在运动过程中，初、次级之间的电磁耦合部分将逐渐减少，影响正常运行。因此在实际应用中，必须把初、次级制作的长度不等。

其他几种形式的直线感应电机如图 5-28～图 5-31 所示。

图 5-27　直线感应电机

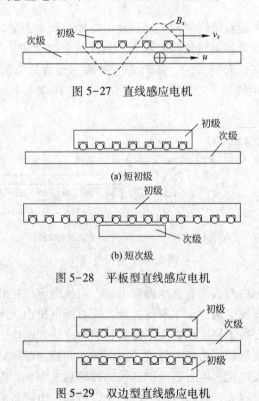

(a) 短初级

(b) 短次级

图 5-28　平板型直线感应电机

图 5-29　双边型直线感应电机

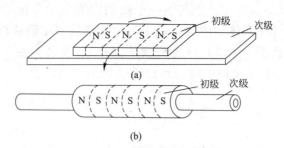

图 5-30　管型直线感应电机

2）直线直流电机

直线直流电机主要有两种类型：永磁式和电磁式。永磁式直线直流电机推力小，但运行平稳，多用在音频线圈和功率较小的自动记录仪表中，如记录仪中笔的纵横走向的驱动、摄影中快门和光圈的操作机构、电表试验中探测头、电梯门控制器的驱动等。电磁式直线直流电机驱动功率较大，但运动平稳性不好，一般用于驱动功率较大的场合。

直线直流电机以永磁式、长行程的直线直流无刷电机最为常用，如图 5-32 所示。

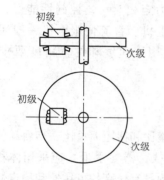

图 5-31　圆盘型直线感应电机

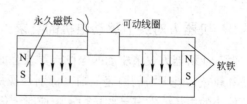

图 5-32　永磁式、长行程的直线直流无刷电机

当需要功率较大时，上述直线电机中的永久磁铁所产生的磁通可改为由绕组通入直流电励磁所产生，这就称为电磁式直线直流电机，如图 5-33 所示。

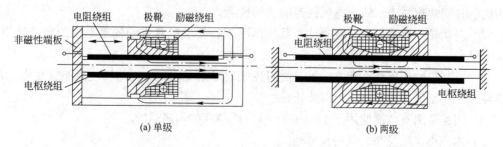

(a) 单级　　　　　　　　　　　　　　(b) 两级

图 5-33　电磁式直线直流电机

3）直线步进电机

直线步进电机如图 5-34 所示。定子用磁铁材料制成，称为定尺。其上开有矩形齿槽，槽中填充非磁性材料，整个定子表面非常光滑。动子上装有两块永久磁钢 A 和 B（B

与 A 相同，但极性相反）。这样，当其中一个磁钢的齿完全与定子齿和槽对齐时，另一磁钢的齿则处在定子的齿和槽的中间。每一磁极端部装有用磁铁材料制成的 Ⅱ 形极片。每块极片有两个齿，齿距为 $1.5\,t$（t 为齿槽的间距），这样当齿 1 与定子齿对齐时，齿 3 便对准槽。线圈轮流通正反向电流，形成磁阻转矩。电流变化一个周期，动子走一个齿距。

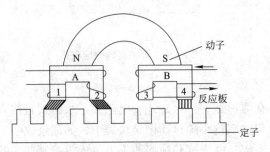

图 5-34　直线步进电机

普通交流电机、直流电机驱动需加减速装置，输出力矩大，但控制性能差，惯性大，适用于中型或重型机器人；伺服电机和步进电机输出力矩相对小，控制性能好，可实现速度和位置的精确控制，适用于中小型机器人。交流电机、直流伺服电机一般用于闭环控制系统；而步进电机主要用于开环控制系统，一般用于速度和位置精度要求不高的场合。

5.4.2　机器人对关节驱动电机的要求

对工业机器人关节驱动的电机，要求有最大功率质量比和扭矩惯量比、高启动转矩、低惯量和较宽广且平滑的调速范围。特别是像机器人末端执行器（手爪）应采用体积、质量尽可能小的电机，尤其是要求快速响应时，伺服电机必须具有较高的可靠性和稳定性，并且具有较大的短时过载能力。这是伺服电机在工业机器人中应用的先决条件。

（1）快速性。电机从获得指令信号到完成指令所要求的工作状态的时间应尽可能短。响应指令信号的时间越短，电机伺服系统的灵敏性越高，快速响应性能越好，一般是以伺服电机的机电时间常数来表示伺服电机快速响应的性能。

（2）启动转矩惯量比大。在驱动负载的情况下，要求机器人的伺服电机的启动转矩大，转动惯量小。

（3）控制特性的连续性和直线性。随着控制信号的变化，电机的转速能连续变化，有时还需转速与控制信号成正比或近似成正比。

（4）调速范围宽。能使用于 1∶1 000～1∶10 000 的调速范围。

（5）体积小，质量小，轴向尺寸短。

（6）能经受得起苛刻的运行条件，可进行十分频繁的正反向和加减速运行，并能在短时间内承受过载。

目前，由于高启动转矩、大转矩、低惯量的交流伺服电机与直流伺服电机在工业机器人中得到广泛应用，一般负载 1 000 N 以下的工业机器人大多采用电伺服驱动系统。所采用的关节驱动电机主要是交流伺服电机、步进电机和直流伺服电机。其中，交流伺服电机、直流伺服电机均采用位置闭环控制，一般应用于高精度、高速度的机器人驱动系统中；步进电机驱动系统多适用于对精度、速度要求不高的小型简易机器人开环系统中。交流伺服电机由于采用电子换向，无换向火花，在易燃易爆环境中得到了广泛的使用。机器人关节驱动电机的功率范围一般为 0.1～10 kW。

5.5　机器人的新型驱动

随着机器人技术的发展，目前出现了利用新工作原理制造的新型驱动器，如磁致伸缩驱动器、压电驱动器、静电驱动器、形状记忆合金驱动器、超声波驱动器、人工肌肉、光驱动器等。

1. 磁致伸缩驱动器

磁体的外部一旦加上磁场，则磁体的外形尺寸发生变化（焦耳效应），这种现象称为磁致伸缩现象。此时，如果磁体在磁化方向的长度增大，则称为正磁致伸缩；如果磁体在磁化方向的长度减小，则称为负磁致伸缩。从外部对磁体施加压力，则磁体的磁化状态会发生变化（维拉利效应），则称为逆磁致伸缩现象。

1972 年，Clark 等首先发现 Laves 相稀土-铁化合物 RFe（R 代表稀土元素 Tb、Dy、Ho、Er、Sm 及 Tm 等）的磁致伸缩在室温下是 Fe、Ni 等传统磁致伸缩材料的 100 倍，这种材料称为超磁致伸缩材料。从那时起，对磁致伸缩效应的研究才再次引起了学术界和工业界的注意。超磁致伸缩材料具有伸缩效应变大、机电耦合的系数高、响应速度快、输出力大等特点，因此，它的出现为新型驱动器的研制与开发又提供了一种行之有效的方法，并引起了国际上的极大关注。图 5-35 为超磁致伸缩驱动器结构简图。

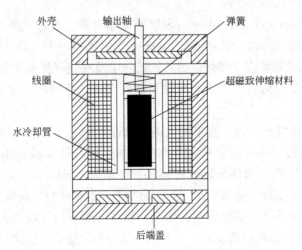

图 5-35　超磁致伸缩驱动器结构简图

2. 压电驱动器

压电材料是一种当它受到力作用时其表面上出现与外力成比例电荷的材料，又称压电陶瓷。反过来，把电场加到压电材料上，则压电材料产生应变，输出力或变形。利用这一特性可以制成压电驱动器，这种驱动器可以达到驱动亚微米级的精度。

压电效应的原理是：如果对压电材料施加压力，它便会产生电位差（称为正压电效应）；反之施加电压，则产生机械应力（称为逆压电效应）。

压电驱动器是利用逆压电效应，将电能转变为机械能，实现微量位移的执行装置。压电材料具有很多优点：易于微型化，控制方便，低压驱动，对环境影响小及无电磁干扰等。

图 5-36 是一种典型的应用于微型管道机器人的足式压电微执行器，它由一个压电双晶薄片及其上两侧分别贴置的两片类鳍形弹性体足构成。压电双晶片在电压信号作用下产生周期性的定向弯曲，使弹性体与管道两侧接触处的动态摩擦力不同，从而推动执行器向前运动。

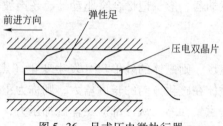

图 5-36　足式压电微执行器

3. 静电驱动器

静电驱动器利用电荷间的吸力和斥力互相作用驱动电极而产生平移或旋转的运动。因静电作用属于表面力，它和元件尺寸的二次方成正比，在微小尺寸变化时能够产生很大的能量。

4. 形状记忆合金驱动器

1）形状记忆合金的定义及特点

形状记忆合金（shape memory alloys，SMA）是指具有形状记忆效应即记忆在高温相状态下形状的合金。已知的形状记忆合金有 Au-Cd、In-Tl、Ni-Ti、Cu-Al-Ni、Cu-Zn-Al 等几十种。SMA 不管在低温状态下如何变形，达到一定温度就恢复到在高温相状态下的形状。特点是变形量大，变位方向自由度大，变位可急剧发生，特别适用于高精度的机器人装配作业。

从记忆效应的动作特征来说，有单程效应和双程效应之分。由于目前材料本身的原因，SMA 驱动器基本上是利用单程记忆效应工作的。加热时，SMA 丝发生热弹性马氏体相变，其相变恢复力使驱动器的活动部分逆时针转动；冷却时，SMA 由母相状态变为马氏体态，在偏置弹簧作用下，驱动器活动部分又回到初始状态。这种丝材结构恢复力大，功率重量比相当高。但动作幅度受其可恢复变形量的限制，因此一般需加行程放大器。将 SMA 弹簧代替 SMA 丝所做成的驱动器转动角度大，但形状恢复力小，适合行程大而驱动力小的情况。

（1）单程记忆效应。形状记忆合金在较低的温度下变形，加热后可恢复变形前的形状，这种只在加热过程中存在的形状记忆现象称为单程记忆效应。

（2）双程记忆效应。某些合金加热时恢复高温相形状，冷却时又能恢复低温相形状，称为双程记忆效应。

（3）全程记忆效应。加热时恢复高温相形状，冷却时变为形状相同而取向相反的低温相形状，称为全程记忆效应。

　　形状记忆合金由于具有许多优异的性能，作为低温配合连接在液压系统及体积较小的工业产品中。另一种连接件的形状是焊接的网状金属丝，用于制造导体的金属丝编织层的安全接头。这种接件已经用于密封装置、电气连接装置、电子工程机械装置，并能在 -65 ～ 300 ℃ 可靠地工作。已开发的密封系统装置可在严酷的环境中用作电气元件连接。

　　将形状记忆合金制作成一个可打开和关闭快门的弹簧，用于制造精密控制装置，一旦由于振动、碰撞等原因变形，只需加热即可排除故障。在机械制造过程中，各种冲压和机械操作常需将零件从一台机器转移到另一台机器上，现在利用形状记忆合金开发了一种取代手动或液压夹具，这种装置叫驱动气缸，它具有效率高、灵活、装夹力大等特点。因此，基于形状记忆合金的这些特点及效应，可以把它应用在机器人驱动方式的控制环节以及提供驱动动力的液压、气压等驱动器上，以实现对机器人驱动的更好效果。具体而言，可以应用在以下两个方面：形状记忆元件具有感温和驱动的双重功能，因此可以用形状记忆元件制作机器人、机械手，通过温度变化使其动作；SMA 既作人造肌肉又兼作驱动器结构材料，因此可应用于人造肌肉驱动器上。

　　2) 形状记忆合金驱动器的特点

　　形状记忆合金驱动器除具有高的功率/重量比这一特点外，还具有结构简单、无污染、无噪声，以及具有传感功能、便于控制等特点；缺点是形状记忆合金驱动器在使用中主要存在两个问题，即效率较低、疲劳寿命较短。

　　图 5-37 为具有相当于肩、肘、臂、腕、指 5 个自由度的微型机器人结构示意图。指和腕靠 SMA（TiNi 合金）线圈的伸缩实现开闭，肘和肩靠直线状 SMA 丝的伸缩实现屈伸动作。每个元件由微型计算机控制，通过由脉冲宽度控制的电流调节位置和动作速度。由于 SMA 丝很细（0.2 mm），因而动作很快。

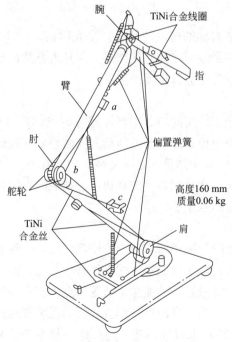

图 5-37　微型机器人结构示意图

5. 超声波驱动器

所谓超声波驱动器，是指利用超声波振动作为驱动力的一种驱动器，即由振动部分和移动部分所组成，靠振动部分和移动部分之间的摩擦力来驱动的一种驱动器。

由于超声波驱动器没有铁芯和线圈，结构简单、体积小、重量轻、响应快、力矩大，不需配合减速装置就可以低速运行，因此，很适合用于机器人、照相机和摄像机等驱动。

6. 人工肌肉

随着机器人技术的发展，驱动器从传统的电机—减速器的机械运动机制，向骨架—腱—肌肉的生物运动机制发展。人的手臂能完成各种柔顺作业，为了实现骨骼—肌肉的部分功能而研制的驱动装置称为人工肌肉驱动器。

为了更好地模拟生物体的运动功能或在机器人上应用，已研制出了多种不同类型的人工肌肉，如利用机械化学物质的高分子凝胶制作的人工肌肉。

如图 5-38 所示为英国 Shadow 公司的 Mckibben 型气动人工肌肉示意图。其传动方式采用人工腱传动。所有手指由柔索驱动，而人工肌肉则固定于前臂上，柔索穿过手掌与人工肌肉相连。驱动手腕动作的人工肌肉固定于大臂上。

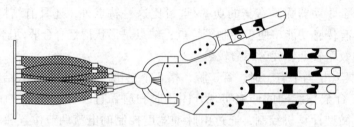

图 5-38　Mckibben 型气动人工肌肉示意图

7. 光驱动器

某种强电介质（严密非对称的压电性结晶）受光照射，会产生几千伏/厘米的光感应电压。这种现象是压电效应和光致伸缩效应的结果。这是电介质内部存在不纯物导致结晶严密不对称，在光激励过程中引起电荷移动而产生的。

8. 气动橡胶驱动

橡胶驱动器具有重量轻、结构简单、柔韧性好等特点，显示出了巨大的应用发展潜力。目前用开关阀实现的气动伺服控制已成为流体动力控制领域竞相研究的对象。用普通开关阀作为电-气转换元件的气动脉宽调制系统是一种廉价的、有很大实用价值的新型电-气开关/伺服控制系统，利用开关阀脉宽调制对其实现快速、精确的位置控制。因此，气动橡胶驱动在机器人驱动中应用有一定的意义。

9. 新型平面直线驱动

为解决机器人在精密装配等操作时有效定位精度问题，一种宏微操作器相结合的概念被提出，并取得可喜进展。在机器人微驱动末端操作器中，二自由度平面直线电机系统是核心部件之一，它具有体积小、重量轻、性能指标高等特点。国内外关于直线电机的研究十分活跃，电机种类众多。其中，新型二自由度平面直线驱动系统应用越来越广泛。这种二自由度电机由于 X 及 Y 方向采用共同永磁体结构，与传统电机系统比较具有较高的性能体积比，应用于实际操作器系统中取得了良好的效果。

10. 电致伸缩器

在外电场的作用下电介质所产生的与场强二次方成正比的应变，称为电致伸缩，目前还在研究阶段。电致伸缩器实际上就是两部分："伸"和"缩"。通过这两种方法，来实现机器人机构在一定角度的上下运动。使用电致伸缩器很好地减小了驱动器的启动功率，也减小了整个系统的冲击载荷，具有较高的灵活性。电致伸缩器虽然优点很多，但也有着最显著的缺陷：对环境要求高。电致伸缩器就其本质而言，是一种往复式直线运动驱动的。

5.6 工业机器人驱动系统发展趋势

现代工业机器人驱动系统，已经逐渐向数字时代转变，数字控制技术已经无孔不入，如信号处理技术中的数字滤波、数字控制器、各种先进智能控制技术的应用等，把功能更加强大的控制器芯片以及各种智能处理模块应用到工业机器人交流伺服驱动系统中，可以实现更好的控制性能。交流伺服控制系统有以下几个热门发展方向。

1. 数字化

随着微电子技术的发展，处理速度更迅速、功能更强大的微控制器不断涌现，控制器芯片成本越来越低，硬件电路设计也更加简单，系统硬件设计成本快速下降，且数字电路抗干扰能力强，参数变化对系统影响小，稳定性好；采用微处理器的数字控制系统，更容易与上位机通信，在不变更硬件系统结构的前提下，可随时改变控制器功能。在相同的硬件控制系统中，可以有多种形式的控制功能，不同的系统功能可以通过设计不同的软件程序来实现，且可以根据控制技术的发展把最新的控制算法通过软件编程实时地更新控制系统。

2. 智能化

为了适应更为恶劣的控制环境和复杂的控制任务，各种先进的智能控制算法已经开始应用在交流伺服驱动系统中。其特点是根据环境、负载特性的变化自主地改变参数，减少操作人员的工作量。目前市场上已经出现比较成熟的专用智能控制芯片，其控制动静态特性优越，在交流伺服驱动控制系统中被广大技术人员所采用。

3. 通用化

通用化是指将工业机器人伺服驱动器的功能进行集成，在驱动器内部配置大量的参数和丰富的菜单功能，便于用户在不改变硬件配置的条件下，灵活地设置开环矢量控制、闭环磁通矢量控制、电机控制等工作方式。它适用于各种场合，可以驱动不同类型的电机，如异步电机、永磁同步电机、无刷电机、步进电机。这样，只需要设计一款伺服驱动器，就能满足大部分应用行业的需求，实现伺服驱动器的通用化和标准化。国外伺服驱动器厂家如西门子已经推出相关通用化伺服驱动器。

虽然通用化伺服驱动器具有设计改型成本低、生产库存压力小等优点，但是通用化伺服驱动器由于功能齐全，导致成本较高，某些应用场合就不太适合。这就需要开发专用化的伺服驱动器，比如直角机器人，需要专门设计适合直角机器人应用的驱动器，以降低伺服驱动器的成本和体积。所以，未来通用化伺服驱动器和专用化伺服驱动器将会并存。

4. 集成化和模块化

随着工业机器人不断往小型化方向发展，也需要体积更小的伺服驱动器和电机。针对某些特殊应用场合，将伺服驱动器和电机集成一体越来越成为一种趋势。

模块化伺服驱动器是指将驱动器按照功能模块进行划分，每个功能模块做成一个整体，根据不同的需求，将各个功能模块进行叠加。如将电源模块做成一个整体，一个电源模块可以给一个或者几个控制模块同时供电。目前国外伺服驱动器采用模块化比较多，如西门子、贝加莱、罗克韦尔等；国内模块化伺服尚处于起步阶段，只有极少数厂家部分产品推向了市场。模块化的优点很多：只需要完成各个功能模块的设计开发，就可以任意组合成不同功率等级、不同功能的伺服驱动器，减少了设计开发成本，降低了采购和库存压力，提高了市场快速响应能力。

5. 网络化

随着工业机器人由低速向高速、由低精度向高精度、由集中式控制向分布式控制的发展，对伺服驱动器的总线传输速度和数据量要求越来越高，RS485 和 CAN 通信技术已经不能满足要求，越来越多的应用场合采用 EthexCAT、SERCOS Ⅲ、Mechatxolink、Powexlink 等工业以太网总线。这些总线的使用极大地提升了工业机器人的响应速度，实现了工业机器人的实时控制，提高了机器人的加工精度和生产效率。

6. 高速、高精、高性能化

工业机器人伺服驱动器的主控芯片采用更高速度的处理器，如 DSP、FPGA 等，提高了伺服驱动器的处理速度和处理能力；采用更高精度的编码器，显著提高了电机的控制精度和低速性能，非常适合高精度工业机器人的应用；采用实时任务调度、先进非线性控制、参数识辨自整定等控制方法和策略，显著提高了伺服驱动的性能指标。通过以上一些措施和办法，实现工业机器人伺服驱动器向高速、高精度、高性能方向的发展。

7. 从故障诊断到预测性维护

随着安全标准的不断发展，故障问题发生后再进行故障诊断和保护的传统方法已经不能满足要求，新一代工业机器人伺服驱动器需要嵌入预测性维护技术，使用户或者生产厂家可以通过网络及时掌握重要技术参数的动态变化，并采取预防性措施，保证在发生故障前及时维护产品，减少因为驱动器发生故障导致的自动化生产线停产、设备损坏甚至作业人员的伤亡。比如，实时检测驱动器的电流、智能功率模块温升、电机位置及转速信息等，将检测到的参数与标准的参数进行对比，如果发现某些参数出现异常或者有异常的趋势，及时对相应的驱动器进行检测和维护，防止故障的发生和生产线的停产。

第 6 章　机器人传感探测技术

6.1　机器人传感器特点

6.1.1　传感器的概念

1. 传感器的定义

广义上，传感器是一种能把物理量或化学量转变成便于利用的电信号的器件。国际电工委员会（International Electrotechnical Committee，IEC）的定义为："传感器是测量系统中的一种前置部件，它将输入变量转换成可供测量的信号。"

传感器是借助检测元件将一种形式的信息转换成另一种信息的装置。目前，传感器转换后的信号大多为电信号。因而从狭义上讲，传感器是把外界输入的非电信号转换成电信号的装置。

传感器好比人的五官，人通过五官及身体感知和接收外界的信息：眼（视觉）、耳（听觉）、鼻（嗅觉）、舌（味觉）、身体四肢（触觉），然后通过神经系统传输给大脑进行加工处理。传感器则是一个控制系统的"电五官"，它感测到外界的信息，然后反馈给系统的处理器（即"计算机"）进行加工处理。

传感器是一种按一定的精确度、规律将被测量（物理的、化学的和生物的信息）转换成与之有确定关系的、便于应用的某种物理量（通常是电量）的测量装置。它是自动控制系统（机器人）必不可少的关键部分。

机器人是由计算机控制的复杂机器，它具有类似人的肢体及感官功能，动作程序灵活，有一定程度的智能，在工作时可以不依赖人的操纵。为了检测作业对象及环境与机器人的关系，在机器人上安装了触觉传感器、视觉传感器、力觉传感器、接近传感器、超声波传感器和听觉传感器等，大大改善了机器人工作状况，使其能够更充分地完成复杂的工作。机器人传感器在机器人的控制中起了非常重要的作用，正因为有了传感器，机器人才具备了类似人类的知觉功能和反应能力。

2. 传感器的组成

传感器由敏感元件、传感元件、转换元件（信号调节与转换电路）、辅助器件等组成，如图 6-1 所示。

敏感元件是直接接受被测非电量并按一定规律转换成与被测量有确定关系的其他量的元件，并对信号进行转换输出。传感元件又称变换器，是能将敏感元件感受到的非电量直接转换成电量的器件。转换元件（信号调节与转换电路）是能把传感元件输出的电信号转换为便于显示、记录、处理和控制的有用电信号的电路。辅助器件是对敏感器件输出的电信号进行放大、阻抗匹配，以便于后续仪表的接入。常用的电路是由电桥、放大器、变阻器、振荡

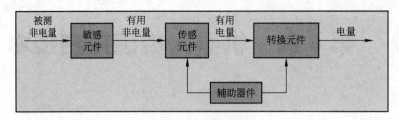

图 6-1　传感器的组成

器等组成的。

3. 传感器的主要指标

1) 灵敏度

灵敏度是指传感器输出变化量与引起该变化量的输入变化量之比，反映了传感器对被测量的敏感程度。如果是线性传感器，则灵敏度（K）就是静态特性曲线的斜率：

$$K = \frac{\Delta y}{\Delta x} \tag{6-1}$$

式中，Δx 为输入变化量，Δy 为输出变化量。如果是呈曲线关系，则灵敏度（K）就是该静态特性曲线的导数：

$$K = \frac{\mathrm{d}y}{\mathrm{d}x} \tag{6-2}$$

灵敏度的量纲是输出量、输入量的量纲之比。例如，某位移传感器，在位移变化 1 mm 时，输出电压变化为 200 mV，则其灵敏度应表示为 200 mV/mm。

当传感器的输出量、输入量的量纲相同时，灵敏度可理解为放大倍数。提高灵敏度，可得到较高的测量精度。但灵敏度越高，测量范围越窄，稳定性也往往越差。

2) 量程

量程是指传感器适用的测量范围。每个传感器都有其测量范围，如超出其测量范围将不可靠，甚至损坏传感器。

3) 精度

精度是指传感器在其测量范围内任一点的输出值与其理论值的偏离程度。精度还可以通过非线性、迟滞、重复性来表示。

精度反映了传感器测量的可靠程度，根据最大引用误差划分为 8 个精确度等级：0.1、0.2、0.5、1.0、1.5、2.0、2.5、5.0 级。

在采用直线拟合线性化时，输出输入的校正曲线与其拟合曲线之间的最大偏差，称为非线性误差或线性度。

非线性误差的大小是以一定的拟合直线为基准直线而得出来的。拟合直线不同，非线性误差也不同。所以，选择拟合直线的主要出发点，应是获得最小的非线性误差。另外，还应考虑使用是否方便，计算是否简便。

传感器在标定过程中加载输出与卸载输出之间的不重合性称为迟滞。迟滞特性一般由实验方法测得。迟滞误差（γ_H）一般以满量程输出的百分数表示，即：

$$\gamma_H = \pm (1/2)(\Delta_{H\max}/y_{\mathrm{FS}}) \times 100\% \tag{6-3}$$

式中，$\Delta_{H\max}$ 为正反行程间输出的最大差值，y_{FS} 为满量程。

重复性是指传感器在输入按同一方向连续多次变动时所得特性曲线不一致的程度。重复性误差（γ_R）可用正反行程的最大偏差 $\Delta_{R\max}$ 表示，即：

$$\gamma_R = \pm(\Delta_{R\max}/y_{FS})\times100\% \tag{6-4}$$

4）温漂

温漂指温度变化对传感器输出所产生的影响。它是由温度零漂和灵敏度温漂两项指标来表示的。

5）时漂

时漂是指衡量传感器长期稳定性的指标。具体计算，一般是先测量一定时间内传感器零点输出变化的最大值，然后计算出单位时间内与满量程输出值相比的百分比。

6）线性度

线性度是指传感器输出量与输入量之间的实际关系曲线偏离拟合直线的程度。定义为在全量程范围内实际特性曲线与拟合直线之间的最大偏差值与满量程输出值之比。

7）分辨率

分辨率是指传感器可感受到的被测量的最小变化的能力。也就是说，如果输入量从某一非零值缓慢地变化，当输入变化值未超过某一数值时，传感器的输出不会发生变化，即传感器对此输入量的变化是分辨不出来的。只有当输入量的变化超过分辨率时，其输出才会发生变化。

通常传感器在满量程范围内各点的分辨率并不相同，因此常用满量程中能使输出量产生阶跃变化的输入量中的最大变化值作为衡量分辨率的指标。上述指标若用满量程的百分比表示，则称为分辨率。分辨率与传感器的稳定性有负相关性。

6.1.2　机器人传感系统

机器人传感系统是机器人与外界进行信息交换的主要窗口。机器人根据布置在机器人身上的不同传感元件对周围环境状态进行瞬间测量，将结果通过接口送入单片机进行分析处理，控制系统则通过分析结果按预先编写的程序对执行元件下达相应的动作命令。

传感器系统的框图见图 6-2，进入传感器的信号幅度是很小的，而且混杂干扰信号和噪声。为了方便随后的处理过程，首先要将信号整形成具有最佳特性的波形，有时还需要将信号线性化。该工作是由放大器、滤波器以及其他一些模拟电路完成的。在某些情况下，这些电路的一部分是与传感器部件直接相邻的。成形后的信号随后转换成数字信号，并输入到微处理器。

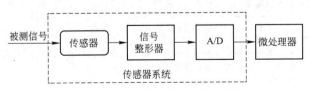

图 6-2　传感器系统的框图

　　机器人的传感系统包括视觉传感系统、听觉传感系统、触觉传感系统、嗅觉传感系统及味觉传感系统等。这些传感系统由一些对图像、光线、声音、压力、气味、味道敏感的交换器即传感器组成。

　　视觉传感系统是机器人的各种类型的眼睛。它可以是两架电子显微镜，也可以是两台摄像机，还可以是红外夜视仪或袖珍雷达。这些视觉传感系统有的通过接收可见光将其变为电信息，有的通过接收红外光将其变为电信息，有的本身就是通过电磁波形成图像。机器人的视觉传感系统要求可靠性高、分辨力强、维护安装简便。

　　听觉传感系统是一些高灵敏度的电声变换器，如各种"麦克风"，它们将各种声音信号变成电信号，然后进行处理，送入控制系统。

　　触觉传感系统即各种各样的机器人手，手上装有各类压敏、热敏或光敏元器件。不同用途的机器人，具有的手大不相同：用于外科缝合手术的，用于大规模集成电路焊接和封装的，残疾人的假肢，专提拿重物的大机械手，能长期在海底作业的采集矿石的地质手等。

　　嗅觉传感系统是一种"电子鼻"，它能分辨出多种气味，并输出一个电信号；也可以是一种半导体气敏电阻，专门对某种气体做出迅速反应。

6.1.3　机器人传感器的分类与作用

1. 传感器的分类

　　机器人能智能探测发现工作对象及对工作对象进行处理加工，都是因为在机器人相应部位装备了传感器，机器人才具备了类似于人类的视觉功能、运动协调和触觉反馈。智能机器人能对工作对象进行检测或在恶劣环境中工作是因为装备了触觉传感器、视觉传感器、力觉传感器、光敏传感器、超声波传感器和声学传感器等，有了传感器的应用才大大改善了智能机器人知觉功能和反应能力，使其能够更灵活、更妥善地完成各种复杂的工作。

　　机器人传感器按其测量对象可分为检测机电一体化系统内部状态的内部传感器及检测系统外部环境状态的外部传感器，以及末端执行器传感器。内部传感器是用于测量机器人自身状态的功能元件，主要用来检测机器人本身状态（如手臂间角度），多为检测位置和角度的传感器。具体检测的对象有关节的线位移、角位移等；速度、加速度、角速度等；倾斜角和振动等。外部传感器主要是用来检测机器人所处环境（如是什么物体，离物体的距离有多远等）及状况（如抓取的物体是否滑落）的传感器。表 6-1 为各种传感器的比较。

表 6-1　各种传感器的比较

	用途	机器人的精确控制
内部 传感器	检测的信息	位置、角度、速度、加速度、姿态、方向、倾斜、力等
	所用的传感器	微动开关、光电开关、差动变压器、编码器（直线和旋转式）、电位计、旋转变压器、测速发电机、加速度计、陀螺、倾角传感器、力传感器（力和力矩）等
外部 传感器	用途	了解工件、环境或机器人在环境中的状态
	检测的信息	工件和环境（形状、位置、范围、重量、姿态、运动、速度等），机器人与环境（位置、速度、加速度、姿态等）
	所用的传感器	视觉传感器、图像传感器（CCD、摄像管等）、光学测距传感器、超声测距传感器、触觉传感器等

	用途	对工件的灵活、有效的操作
末端执行器传感器	检测的信息	非接触（间隔、位置、姿态等）、接触（接触、障碍检测、碰撞检测等）、触觉（接触觉、压觉、滑觉）、夹持力等
	所用的传感器	光学测距传感器、超声测距传感器、电容传感器、电磁感应传感器、限位传感器、压敏导电橡胶、弹性体加应变片等

此外，传感器按构成原理可以分为物理型和结构型；传感器按能量源分类可分为无源型和有源型；按输出信号的性质可将传感器分为开关型、模拟型和数字型。

机器人常用的传感器如下。

1）二维视觉传感器

二维视觉传感器主要就是一个摄像头，它可以完成物体运动的检测及定位等功能。二维视觉传感器已经出现了很长时间，许多智能相机可以配合协调工业机器人的行动路线，根据接收到的信息对机器人的行为进行调整。

2）三维视觉传感器

三维视觉系统必须具备两个摄像机在不同角度进行拍摄，这样物体的三维模型可以被检测识别出来。相比于二维视觉传感器，三维传感器可以更加直观地展现事物。

3）力扭矩传感器

力扭矩传感器是一种可以让机器人感受力的传感器。可以对机器人手臂上的力进行监控，根据数据分析对机器人行为做出指导。

4）碰撞检测传感器

工业机器人尤其是协作机器人最大的要求就是安全。要营造一个安全的工作环境，就必须让机器人识别什么情况下不安全。一个碰撞检测传感器的使用，可以让机器人识别碰到了什么东西，并且发送一个信号暂停或者停止机器人的运动。

5）安全传感器

与碰撞检测传感器不同，使用安全传感器可以让工业机器人感觉到周围存在的物体，明确障碍物距离自己具体有多远，才好判断下一步的行动。安全传感器的存在，可以避免机器人与其他物体发生碰撞。

6）电磁传感器

现代的电磁传感器主要包括四相传感器和单相传感器。在工作过程中，四相差动旋转传感器用一对检测单元实现差动检测，另一对实现倒差动检测。这样，四相传感器的检测能力是单元件的四倍。单相旋转传感器也有自己的优点，也就是小巧可靠的特点，并且输出信号大，能检测低速运动，抗环境影响和抗噪声能力强，成本低。因此，单相传感器也有很好的市场。

7）光纤传感器

光纤传感器可以用来测量多种物理量，比如声场、电场、压力、温度、角速度、加速度等，还可以完成现有测量技术难以完成的测量任务。在狭小的空间里，在强电磁干扰和高电压的环境里，光纤传感器都显示出了其独特的能力。

8）仿生传感器

仿生传感器是一种采用新的检测原理的新型传感器，它采用固定化的细胞、酶或者其他生物活性物质与换能器相配合，组成传感器。这是近年来生物医学和电子学、工程学相互渗透而发展起来的一种新型的传感器。

9）红外传感器

红外系统的核心是红外探测器。按照探测机理的不同，红外传感器可以分为热探测器和光子探测器两大类。热探测器是利用辐射热效应，使探测元件接收到辐射能后引起温度升高，进而使探测器依赖于温度的性能发生变化。检测其中某一性能的变化，便可探测出辐射，多数情况下是通过热电变化来探测辐射的。当元件接收辐射，引起非电量的物理变化时，可以通过适当的变换后测量相应的电量变化。

10）压电传感器

压电传感器主要应用在加速度、压力和力等的测量中。压电加速度传感器是一种常用的加速度计，具有结构简单、体积小、重量轻、使用寿命长等优点。压电加速度传感器在飞机、汽车、船舶、桥梁及建筑的振动和冲击测量中已经得到了广泛的应用。

2. 传感器的作用

人们为了从外界获取信息，必须借助于感觉器官。而单靠人们自身的感觉器官，在研究自然现象和规律以及生产活动中远远不够。为适应这种情况，就需要传感器。因此可以说，传感器是人类五官的延长，又称为"电五官"。

在利用信息的过程中，首先要解决的就是要获取准确可靠的信息，而传感器是获取自然和生产领域中信息的主要途径与手段。

在现代工业生产尤其是自动化生产过程中，要用各种传感器来监视和控制生产过程中的各个参数，使设备工作在正常状态或最佳状态，并使产品达到最好的质量。因此可以说，没有众多的优良的传感器，现代化生产也就失去了基础。

随现代科学技术的发展，出现了对深化物质认识、开拓新能源、新材料等具有重要作用的各种极端技术研究，如超高温、超低温、超高压、超高真空、超强磁场、超弱磁场等。显然，要获取大量人类感官无法直接获取的信息，没有相适应的传感器是不可能的。许多基础科学研究的障碍，首先就在于对象信息的获取存在困难，而一些新机理和高灵敏度的检测传感器的出现，往往会导致该领域内研究的突破。一些传感器的发展，往往是一些边缘学科开发的先驱。

传感器早已渗透到诸如工业生产、宇宙开发、海洋探测、环境保护、资源调查、医学诊断、生物工程甚至文物保护等极其广泛的领域。可以毫不夸张地说，从茫茫的太空到浩瀚的海洋，以致各种复杂的工程系统，几乎每一个现代化项目，都离不开各种各样的传感器。

由此可见，传感器技术在发展经济、推动社会进步方面的重要作用，是十分明显的。世界各国都十分重视这一领域的发展。

6.1.4 传感器特性

1. 传感器静态特性

传感器静态特性是指对静态的输入信号，传感器的输出量与输入量之间具有相互关系。因为这时输入量和输出量都和时间无关，所以它们之间的关系，即传感器的静态特性可用一个不含时间变量的代数方程，或以输入量作横坐标，把与其对应的输出量作纵坐标而画出的特性曲线来描述。表征传感器静态特性的主要参数有线性度、灵敏度、迟滞、重复性、漂移等。

2. 传感器动态特性

传感器动态特性是指传感器在输入变化时，它与输出之间的关系。在实际工作中，传感器的动态特性常用它对某些标准输入信号的响应来表示。这是因为传感器对标准输入信号的响应容易用实验方法求得，并且它对标准输入信号的响应与它对任意输入信号的响应之间存在一定的关系，往往知道了前者就能推定后者。最常用的标准输入信号有阶跃信号和正弦信号两种，所以传感器动态特性也常用阶跃响应和频率响应来表示。

6.2　机器人的内部传感器

在工业机器人内部传感器中，位置传感器和速度传感器是当今机器人反馈控制中不可缺少的元件，同时也大量使用倾斜角传感器、方位角传感器及振动传感器等。

6.2.1　机器人的位置传感器

1. 光电开关

光电开关是由 LED 光源和光电二极管或光电三极管等光敏元件，相隔一定距离而构成的透光式开关，包括漫反射式光电开关、镜反射式光电开关、遮断型光电开关等，如图 6-3 所示。当光由基准位置的遮光片通过光源和光敏元件的缝隙时，光射不到光敏元件上，而起到开关的作用。光电开关的特点是非接触检测，精度可达到 0.5 mm 左右。

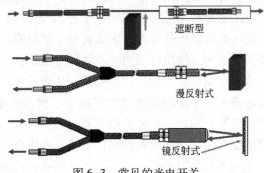

遮断型

漫反射式

镜反射式

图 6-3　常见的光电开关

2. 编码器

编码器可分为光电式、磁场式、感应式和电容式。其中，光电式编码器最常用。根据其刻度方法及信号输出形式，可分为增量式、绝对式及混合式三种。

光电编码器分为增量式和绝对式两种类型。其中，增量式光电编码器具有结构简单、体积小、价格低、精度高、响应速度快、性能稳定等优点，应用更为广泛，特别是在高分辨率和大量程角速率/位移测量系统中，增量式光电编码器更具优越性。

3. 电位器

电位器由环状或棒状电阻丝和滑动片（电刷）组成，如图 6-4 所示。将线位移或角位移转化成电阻的变化，以电压或电流形式输出，检测的是以电阻中心为基准位置的移动距离。

$$x = \frac{L\,(2e-E)}{E} \tag{6-5}$$

式中，E 为输入电压，L 为触头最大移动距离，x 为向左端移动的距离，e 为电阻右侧的输出电压。

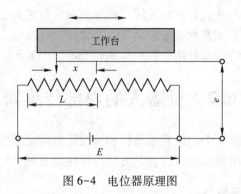

图 6-4　电位器原理图

4. 旋转变压器

旋转变压器是一种电磁式传感器，又称同步分解器。它是一种测量角度用的小型交流电动机，用来测量旋转物体的转轴角位移和角速度，由定子和转子组成。其中定子绕组作为变压器的原边，接受励磁电压，励磁频率通常在 400 Hz 及（5～10）kHz 之间。转子绕组作为变压器的副边，通过电磁耦合得到感应电压。

旋转变压器的工作原理和普通变压器基本相似：转子转动引起磁通量旋转，在次级线圈产生变化的电压，从而可以用来测量角位移。区别在于普通变压器的原边、副边绕组是相对固定的，所以输出电压和输入电压之比是常数，而旋转变压器的原边、副边绕组则随转子的角位移发生相对位置的改变，因而其输出电压的大小随转子角位移而发生变化，输出绕组的电压幅值与转子转角为正弦、余弦函数关系，或保持某一比例关系，或在一定转角范围内与转角成线性关系。旋转变压器在同步随动系统及数字随动系统中可用于传递转角或电信号，在解算装置中可作为函数的解算之用，故也称为解算器。

旋转变压器一般有两极绕组和四极绕组两种结构形式。两极绕组旋转变压器的定子和转子各有一对磁极，四极绕组则各有两对磁极，主要用于高精度的检测系统。除此之外，还有多极式旋转变压器，用于高精度绝对式检测系统。

6.2.2　机器人速度传感器

1. 角速度编码器

在闭环伺服系统中，编码器的反馈脉冲个数和系统所走位置的多少成正比。对任意给定的角位移，角速度编码器将产生确定数量的脉冲信号，通过统计指定时间（dt）内脉冲信号的数量，就能计算出相应的角速度。dt 越短，得到的速度值就越准确，则越接近实际的瞬时速度。但是，如果角速度编码器的转动很缓慢，则测得的速度可能会变得不准确。通过对控制器的编程，将指定时间内脉冲信号的个数转化为速度信息就可以计算出速度。

2. 测速发电机

测速发电机是一种把输入的转速信号转换成输出的电压信号的机电式信号元件，它可以作为测速、校正和解算元件，广泛应用于机器人的关节速度测量中。直流测速发电机的结构原理如图 6-5 所示。机器人对测速发电机的性能要求有：

① 输出电压与转速之间有严格的正比关系；

② 输出电压的脉动要尽可能小；

③ 温度变化对输出电压的影响要小；

④ 在一定转速时所产生的电动势及电压应尽可能大；

⑤ 正反转时输出电压应对称。

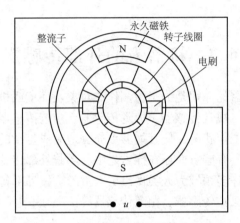

图 6-5　直流测速发电机的结构原理

测速发电机原理是把机械转速 n 变换成电压 u 信号，输出电压与输入的转速成正比，如下式：

$$u = K \times n \tag{6-6}$$

式中，K 是常数。

测速发电机转子与机器人关节伺服驱动电机相连，就能测出机器人运动过程中关节转动速度。

6.2.3　内部传感器功能分类

1. 规定位置、规定角度的检测

检测预先规定的位置或角度，可以用开/关两个状态值，用于检测机器人的起始原点、越限位置或确定位置。一般用微型开关和光电开关进行测量。

2. 位置、角度的测量

测量机器人关节线位移和角位移的传感器是机器人位置反馈控制中必不可少的元件。测量可变位置和角度，即测量机器人关节线位移和角位移的传感器是机器人位置反馈控制中必不可少的元件。常用的有电位器、旋转变压器、编码器等。其中，编码器既可以检测直线位移，又可以检测角位移。

3. 速度、角速度的测量

速度、角速度测量是驱动器反馈控制必不可少的环节。有时也利用位移传感器测量速度及检测单位采样时间位移量。但这种方法有其局限性：低速时，存在测量不稳定的危险；高速时，只能获得较低的测量精度。

最通用的速度、角速度传感器是测速发电机或成为转速表的传感器、比率发电机。

测量角速度的测速发电机，可按其构造分为直流测速发电机、交流测速发电机和感应式交流测速发电机。

4. 加速度的测量

随着机器人发展的高速化、高精度化，机器人的振动问题研究日益得以深化。为了解决振动问题，有时在机器人的运动手臂等位置安装加速度传感器，测量振动加速度，并把它反馈到驱动器上。加速度传感器有应变片加速度传感器、伺服加速度传感器、压电感应加速度传感器、其他类型传感器。

6.3　机器人的外部传感器

工业机器人外部传感器的作用是为了检测作业对象及环境或机器人与它们的关系，在机器人上安装了触觉传感器、视觉传感器、力觉传感器、接近传感器、超声波传感器和听觉传感器，大大改善了机器人工作状况，使其能够更充分地完成复杂的工作。由于外部传感器为集多种学科于一身的产品，有些方面还在探索之中；随着外部传感器的进一步完善，机器人的功能越来越强大，将在许多领域为人类做出更大贡献。按外部传感器功能分类，可分为接近传感器、力觉传感器、触觉传感器、距离传感器等。

6.3.1　接近传感器

接近传感器用于感知传感器与物体之间的接近程度。接近传感器主要有两个用途：避障和防止冲击，即用于移动机器人绕开障碍物，机械手抓取物体时柔性接触。探测的距离一般在几毫米到十几厘米之间。一般采用非接触型测量元件。接近传感器常有电涡流式、光纤式、超声波式及红外线式等类型。

1. 电涡流式传感器

变化的磁场将在金属体内产生感应电涡流，涡流的大小随金属体表面与线圈的距离大小而变化。当电感线圈内通以高频电流时，金属体表面的涡流电流反作用于线圈，改变线圈内的电感大小，如图 6-6 所示。通过检测电感便可获得线圈与金属体表面的距离信息。

2. 光纤式传感器

光纤在远距离通信和遥测方面应用广泛。光纤式传感器可以检测较远距离的目标，原理如图 6-7 所示。图 6-7（a）只能检测出不透明物体，图 6-7（b）可检测透光和不透光材料，图 6-7（c）可检测透光或半透光物体。光纤式传感器具有抗电磁干扰能力强，灵敏度高，响应快的特点。

3. 超声波接近传感器

检测物体的存在和测量距离，不能用于测量 30~50 cm 的距离。利用超声波检测的优点是：迅速、简单方便、对材料的依赖性小、易于实时控制，测量精度高，应用广泛。

在移动式机器人上，超声波接近传感器用于检测前进道路上的障碍物，避免碰撞。超声波接近传感器对于水下机器人的作业非常重要，水下机器人安装后能使其定位精度达到微米级。

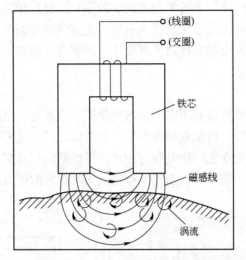

图 6-6　电涡流式传感器原理示意图

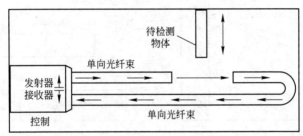

(a) 射束中断型光纤式传感器

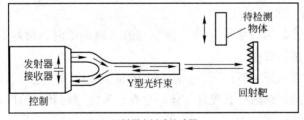

(b) 回射型光纤式传感器

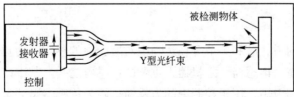

(c) 扩散型光纤式传感器

图 6-7　光纤式传感器原理示意图

超声波接近传感器原理如图 6-8 所示，可测量出超声波从物体发射经反射回到该物体（被接收）的时间。

4. 红外线接近传感器

任何物质，只要它本身具有一定的温度（高于 0 K），都能辐射红外线。红外线接近传感器用于非接触式测量，红外发光管发射经调制的信号，经目标物反射，红外光敏管接收到红外光强的调制信号。红外线接近传感器具有灵敏度高，响应快等优点。

红外线接近传感器的发送器和接收器都很小，能够装在机器人夹手上，易于检测出工作空间内是否存在某个物体。

5. 电容式接近传感器

电容式接近传感器的原理是利用电容量的变化产生接近觉。电容式接近传感器如图 6-9 所示，其本身作为一个极板，被接近物作为另一个极板。将该电容接入电桥电路或 RC 振荡电路，利用电容极板距离的变化产生电容的变化，可检测出与被接近物的距离。电容式接近传感器具有对物体的颜色、构造和表面都不敏感且实时性好的优点。

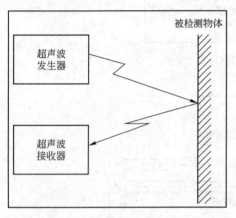

图 6-8　超声波接近传感器原理示意图

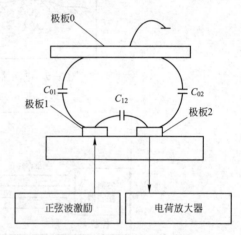

图 6-9　电容式接近传感器

6. 霍尔式传感器

当一块通有电流的金属或半导体薄片垂直地放在磁场中时，薄片的两端就会产生电位差，这种现象就称为霍尔效应。

当磁性物件移近霍尔开关时，开关检测面上的霍尔元件因产生霍尔效应而使开关内部电路状态发生变化，由此识别附近有磁性物体的存在，进而控制开关的通或断。这种接近开关的检测对象必须是磁性物体。

6.3.2　力觉传感器

力觉是指机器人的指、肢和关节等在运动中对所受力的感知。力觉传感器主要包括关节力、腕力、指力和支座力传感器，是机器人重要的传感器之一。其中，关节力传感器是测量驱动器本身的输出力和力矩，用于控制中的力反馈；腕力传感器是测量作用在末端执行器上的各向力和力矩；指力传感器是测量夹持物体手指的受力情况。

力觉传感器根据力的检测方式不同，可以分为：

① 检测应变或应力的应变片式，应变片力觉传感器被机器人广泛采用；

② 利用压电效应的压电元件式；

③ 用位移计测量负载产生的位移的差动变压器、电容位移计式。

在选用力觉传感器时，首先要特别注意额定值，其次在机器人通常的力控制中，力的精度意义不大，重要的是分辨率。

在机器人上实际安装使用力觉传感器时，一定要事先检查操作区域，清除障碍物。这对实验者的人身安全、对保证机器人及外围设备不受损害有重要意义。

检测指力的方法，一般是从螺旋弹簧的应变量推算出来的。在如图 6-10 所示的结构中，由脉冲电动机通过螺旋弹簧去驱动机器人的手指。所检测出的螺旋弹簧的转角与脉冲电动机转角之差即为变形量，从而也就可以知道手指所产生的力。可以控制机器人的手指，令其完成搬运之类的工作。手指部分的应变片，是一种控制力量大小的器件。

对于以精密镶嵌为代表的装配操作，必须检测出手腕部分的力并进行反馈，以控制手臂和手腕。图 6-11 是装配机器人腕力传感器的结构示意图。这种手腕是具有弹性的，通过应变片而构成力觉传感器，从这些传感器的信号，就可以推算出力的大小和方向。

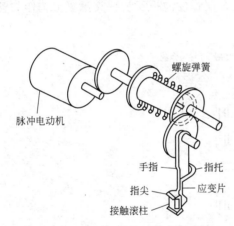

图 6-10　脉冲电动机的指力传感器

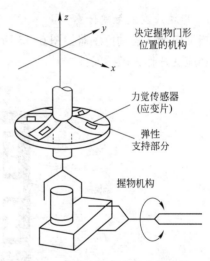

图 6-11　装配机器人腕力传感器

6.3.3　触觉传感器

触觉是仅次于视觉的一种重要感知形式。触觉能保证机器人可靠地抓握各种物体，也能使机器人获取环境信息，识别物体形状和表面纹理，确定物体空间位置和姿态参数。

机器人触觉与视觉一样，基本上是模拟人的感觉。广义上，机器人触觉包括接触觉、压觉、力觉、滑觉等与接触有关的感觉；狭义上，它是机械手与对象接触面上的力感觉。

触觉传感器测量自身敏感面和外界物体之间的相互作用。触觉传感器的作用有：① 感知操作手指的作用力，使手指动作适当；② 识别操作物的大小、形状、质量及硬度等；③ 躲避危险，以防碰撞障碍物。

1. 开关式触觉传感器

最早的触觉传感器为开关式触觉传感器，只有 0 和 1 两个信号，用于表示接触与不接触，其结构原理如图 6-12 所示。其中，发射器对准目标发射光束，在光束被中断时产生一个开关信号变化。

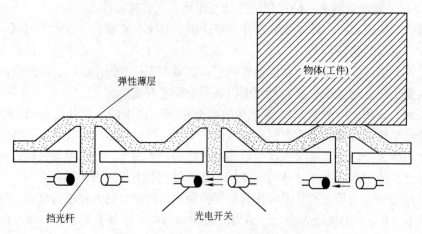

图 6-12　开关式触觉传感器结构原理

2. 指端应变式触觉传感器

指端应变式触觉传感器如图 6-13 所示。两个金属弹性薄板安装在支撑座上，作为弹性元件；应变片作为敏感元件。

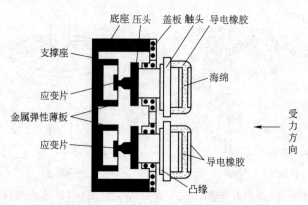

图 6-13　指端应变式触觉传感器

当人工手指抓握物体时，触头向左滑动，由压头作用在金属弹性薄片上。

凸缘到盖板的距离为最大量程。当被抓物体重量超过最大量程时，凸缘与盖板接触，将力传到底座上。

触头右侧为封装电流变流体部分，两层导电橡胶之间用海绵隔开，海绵层填充电流变流体。

电流变流体作为人工手指的皮下组织介质，没有通电时，电流变流体层做保护层用；通电时，电流变流体变成塑性体，借助电流变流体的柔顺可控性稳定抓握，防止被抓物体滑落。

3. 压阻阵列触觉传感器

利用压阻材料制成阵列式触觉传感器，可有效地提高阵列数、阵列密度、灵敏度、柔顺性和强固性。

压阻阵列触觉传感器基本结构如图 6-14 所示。压阻材料上面排列平行的列电极，下面排列平行的行电极，行列交叉点构成阵列压阻触元。在压力作用下，触元的触觉性能可由上下电极间的电阻值表示。

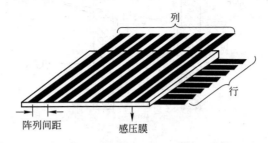

图 6-14 压阻阵列触觉传感器基本结构

压阻材料有导电橡胶、碳毡（CSA）和碳纤维等。导电橡胶是在橡胶类材料中添加金属微粒而构成的聚合高分子导电材料，具有柔顺性，电阻随压力的变化而变化。导电橡胶作为压阻材料，工作温度范围宽，可塑性好，可浇铸成复杂（指尖）形状的复合曲面，其输出电压信号强，频率响应可达 100 Hz，但易疲劳、蠕变大、滞后大。

4. 压觉传感器

压觉是手指给予被测物的力或者加在手指上外力的感觉，实际是接触觉的延伸，用于握力控制与手的支撑力的检测。压觉传感器主要是分布式压觉传感器，敏感元件排列成阵列。常用敏感元件有导电橡胶、感应高分子、应变计、光电器件和霍尔元件。

压阻式压觉传感器如图 6-15 所示，它是利用半导体技术制成的高密度智能压觉传感器，是一种很有发展前途的压觉传感器。其中，传感元件以压阻式与电容式为最多。虽然压阻式器件比电容式器件的线性好，封装也简单，但是其灵敏度要比电容式器件小一个数量级，温度灵敏度比电容式器件大一个数量级。因此，电容式压觉传感器，特别是硅电容式压觉传感器得到了广泛的应用。

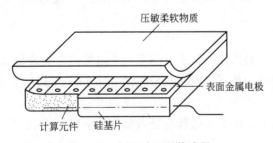

图 6-15 压阻式压觉传感器

5. 滑觉传感器

滑觉传感器检测垂直于加压方向的力和位移，用于修正受力值、防止滑动、进行多层次作业及测量物体重量和表面特性等目的。例如，机器人的手指夹住物体，为了不发生滑动，最小把持力 $F = G/\mu_0$（G 为重力，μ_0 为摩擦系数）。利用滑觉传感器判断是否握住物体，以及应该使用多大的力等。滑觉传感器结构原理如图 6-16 所示。

检测滑动方法如下。

（1）将滑动转换成滚球和滚柱的旋转。

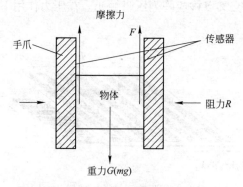

图 6-16　滑觉传感器结构原理

（2）用压敏元件和触针，检测滑动时的微小振动。

（3）检测出即将发生滑动时，手爪部分的变形和压力。

6.3.4　视觉传感器

视觉传感器是智能机器人最重要的传感器之一。机器人通过视觉传感器获取环境的二维图像，并通过视觉处理器进行分析和解释，转换为符号，让机器人能够辨识物体，并确定其位置。

视觉传感器又称为计算机视觉。在捕获图像之后，视觉传感器将其与内存中存储的基准图像进行比较，以做出分析。

机器视觉系统称为现代工业生产的"机器眼睛"，通过摄像头捕捉图像信息，检测拍摄对象的数量、位置关系、形状等特点，用于判断产品是否合格或将检验数据传送给机器人等其他生产设备。高清晰视觉传感器对微妙的色差乃至光滑物体的表面伤痕都能清晰识别。

视觉传感器的工作过程可分为 4 个步骤：视觉检测、视觉图像分析、视觉图像绘制和图像识别。

1. 视觉检测

视觉信息一般通过光电检测转化成电信号。光电检测器有摄像管和固态图像传感器。

（1）光投影法：向被测物体投射特殊形状的光束并检测其反射光，即可获得位置信息，如激光扫描法。

（2）立体视法：同一物体的两张具有轻微角度差别的照片放在一起观看，产生一种深度的常规立体视觉的方法。

（3）立体摄影：从左右两个具有轻微角度差异的观察点拍摄同一个物体，左右摄像机分别采集左视觉和右视觉的照片，通过计算机的合成处理，获得有立体深度的立体画面。

2. 视觉图像分析

成像图像中的像素含有杂波，必须进行（预）处理。通过消除杂波，把全部像素重新按线段或区域排列成有效像素集合。

3. 视觉图像绘制

视觉图像以识别的目的而从物体图像中提取特征。理论上，这些特征应该与物体的位置和取向无关，并包含足够的绘制信息，以便能唯一地把一个物体从其他物体中鉴别出来。

4. 图像识别

事先将物体的特征信息存储起来，然后将此信息与所看到的物体信息进行比对。

6.3.5 距离传感器

距离传感器可用于机器人导航和回避障碍物，也可用于机器人空间内的物体定位及确定其一般形状特征。目前最常用的测距法有以下两种。

1. 超声波测距法

超声波是频率 20 kHz 以上的机械振动波，可以利用发射脉冲和接收脉冲的时间间隔推算出距离。超声波测距法的缺点是波束较宽，其分辨力受到严重的限制，因此主要用于导航和回避障碍物。

2. 激光测距法

激光测距法也可以利用回波法，或者利用激光测距仪。

激光测距法的工作原理如下。

氦氖激光器固定在基线上，在基线的一端由反射镜将激光点射向被测物体，反射镜固定在电动机轴上，电机连续旋转，使激光点稳定地对被测目标扫描。由 CCD（电荷耦合器件）摄像机接受反射光，采用图像处理的方法检测出激光点图像，并根据位置坐标及摄像机光学特点计算出激光反射角。利用三角测距原理即可算出反射点的位置。

6.3.6 其他外部传感器

除以上介绍的机器人外部传感器外，还可根据机器人特殊用途安装听觉传感器、味觉传感器及电磁波传感器等。例如：语音识别传感器，分析振动声音探测机械故障的点传感器，通过分析敲打的声音测定果品成熟程度的传感器，根据近红外线的糖度吸收程度测定水果甜度的传感器。而这些机器人主要用于科学研究、海洋资源探测或食品分析、救火等特殊用途。这些传感器多数属于开发阶段，有待于更进一步完善，以丰富机器人专用功能。

6.4 机器人的检测

机器人能智能探测发现工作对象及对工作对象进行处理加工，都是因为在机器人相应部位装备了传感器，机器人才具备了类似于人类的视觉功能、运动协调和触觉反馈。智能机器人能对工作对象进行检测或在恶劣环境中工作是因为装备了触觉传感器、视觉传感器、力觉传感器、光敏传感器、超声波传感器和声学传感器等，有了传感器的应用才大大改善了智能机器人知觉功能和反应能力，使其能够更灵活、更妥善地完成各种复杂的工作。

6.4.1 位移的检测

检测位移的传感器主要有脉冲编码器、直线光栅、旋转变压器、感应同步器等。

1. 脉冲编码器的应用

脉冲编码器是一种角位移（转速）传感器，它能够把机械转角变成电脉冲。脉冲编码器可分为光电式、接触式和电磁式三种，其中，光电式应用得比较多。

2. 直线光栅的应用

直线光栅是利用光的透射和反射现象制作而成的，常用于位移测量，分辨力较高，测量精度比光电编码器高，适应于动态测量。

在进给驱动中，光栅尺固定在床身上，其产生的脉冲信号直接反映了拖板的实际位置。用在光栅检测工作台位置的伺服系统是全闭环控制系统。

3. 旋转变压器的应用

旋转变压器是一种输出电压与角位移量成连续函数关系的感应式微电机。旋转变压器由定子和转子组成。具体来说，它由一个铁芯、两个定子绕组和两个转子绕组组成，其原、副绕组分别放置在定子、转子上，原、副绕组之间的电磁耦合程度与转子的转角有关。

转子转角的检测用圆形感应同步器。圆形感应同步器与工件一同转动，它将所测的角位移数值传送给计算机，计算机将该值与设定的位移值比较，判断误差绝对值的大小，发出相应的指令。

4. 感应同步器的应用

感应同步器是利用两个平面绕组的互感随位置不同而变化的原理制成的。其功能是将角度或直线位移转变成感应电动势的相位或幅值，可用来测量直线或转角位移。按其结构可分为直线式和旋转式两种。直线式感应同步器由定尺和滑尺两部分组成，定尺安装在机床床身上，滑尺安装在移动部件上，随工作台一起移动；旋转式感应同步器定子为固定的圆盘，转子为转动的圆盘。感应同步器具有较高的精度与分辨力、抗干扰能力强、使用寿命长、维护简单、长距离位移测量、工艺性好、成本较低等优点。直线式感应同步器目前被广泛地应用于大位移静态与动态测量中，如用于三坐标测量机、程控数控机床、高精度重型机床及加工中心测量装置等。旋转式感应同步器则被广泛地用于机床和仪器的转台以及各种回转伺服控制系统中。

6.4.2 位置的检测

位置传感器可用来检测位置，反映某种状态的开关。和位移传感器不同，位置传感器有接触式和接近式两种。

1. 接触式传感器的应用

接触式传感器的触头由两个物体接触挤压而动作，常见的有行程开关、二维矩阵式位置传感器等。行程开关结构简单、动作可靠、价格低廉。当某个物体在运动过程中，碰到行程开关时，其内部触头会动作，从而完成控制，如在加工中心的 X、Y、Z 轴方向两端分别装有行程开关，可以控制移动范围。二维矩阵式位置传感器安装于机械手掌内侧，用于检测自身与某个物体的接触位置。

2. 接近开关的应用

接近开关是指当有某物体与之接近到设定距离时就可以发出"动作"信号的开关，它无须和物体直接接触。接近开关有很多种类，主要有自感式、差动变压器式、电涡流式、电容式、干簧管式、霍尔式等。

接近开关在数控机床上的应用主要是刀架选刀控制、工作台行程控制、油缸及气缸活塞行程控制等。

霍尔传感器是利用霍尔现象制成的传感器。将锗等半导体置于磁场中，在一个方向通以电流时，则在垂直方向上会出现电位差，这就是霍尔现象。将小磁体固定在运动部件上，当部件靠近霍尔元件时，便产生霍尔现象，从而判断物体是否到位。

3. 速度的检测

速度传感器是一种将速度转变成电信号的传感器，既可以检测直线速度，也可以检测角速度，常用的有测速发电机和脉冲编码器等。

测速发电机具有的特点是：输出电压与转速严格为线性关系；输出电压与转速比的斜率大。测速发电机可分成交流和直流两类。

脉冲编码器在经过一个单位角位移时，便产生一个脉冲，配以定时器便可检测出角速度。

在数控机床中，速度传感器一般用于数控系统伺服单元的速度检测。

4. 压力的检测

压力传感器是一种将压力转变成电信号的传感器。根据工作原理，压力传感器可分为压电式传感器、压阻式传感器和电容式传感器。它是检测气体、液体、固体等所有物体间作用力能量的总称，也包括测量高于大气压的压力计及测量低于大气压的真空计。电容式压力传感器的电容量由电极面积和两个电极间的距离决定，因灵敏度高、温度稳定性好、压力量程大等特点近来得到了迅速发展。在数控机床中，可用它对工件夹紧力进行检测，当夹紧力小于设定值时，会导致工件松动，系统发出报警，停止走刀。另外，还可用压力传感器检测车刀切削力的变化。再者，它还在润滑系统、液压系统、气压系统被用来检测油路或气路中的压力，当油路或气路中的压力低于设定值时，其触点会动作，将故障信号送给数控系统。

5. 温度的检测

温度传感器是一种将温度高低转变成电阻值大小或其他电信号的一种装置。常见的有：以铂、铜为主的热电阻传感器，以半导体材料为主的热敏电阻传感器和热电偶传感器，等等。在数控机床上，温度传感器用来检测温度，从而进行温度补偿或过热保护。

在加工过程中，电机的旋转、移动部件的移动、切削等都会产生热量，且温度分布不均匀，造成温差，使数控机床产生热变形，影响零件加工精度。为了避免温度产生的影响，可在数控机床上某些部位装设温度传感器，感受温度高低并转换成电信号送给数控系统，进行温度补偿。

此外，在电机等需要过热保护的地方，应埋设温度传感器，过热时通过数控系统进行过热报警。

6. 系统的报警、故障自诊功能

当被测量超过设定值的上下限时，计算机向操作者提示声光信号，以便操作者及时排除故障。

以上只是对自动检测技术在机械制造与自动化中的一部分应用的简要介绍，由此可得知自动检测技术在自动化中的重要性，以及在工业生产中应用的广泛性。

6.4.3　传感器信息融合

传感器信息融合又称数据融合，是对多种信息的获取、表示其内在联系进行综合处理和优化的技术。

传感器信息融合技术从多信息的视角进行处理及综合，得到各种信息的内在联系和规律，从而剔除无用的和错误的信息，保留正确的和有用的成分，最终实现信息的优化。它也为智能信息处理技术的研究提供了新的观念。

机器人系统中使用的传感器种类和数量越来越多，每种传感器都有一定的使用条件和感知范围，并且又能给出环境或对象的部分或整体的信息，为了有效地利用这些传感器信息，需要采用某种形式对传感器信息进行综合、融合处理。

按照人脑的功能和原理进行视觉、听觉、触觉、力觉、知觉、注意、记忆、学习和更高级的认识过程，将空间、时间的信息进行融合，对数据和信息进行自动解释，对环境和态势给予判定。

传感器的融合技术涉及神经网络、知识工程、模糊理论等信息、检测、控制领域的新理论和新方法。

多传感器信息融合技术是通过对这些传感器及其观测信息的合理支配和使用，把多个传感器在时间和空间上的冗余或互补信息依据某种准则进行组合，以获取被观测对象的一致性解释或描述，如图 6-17 所示。

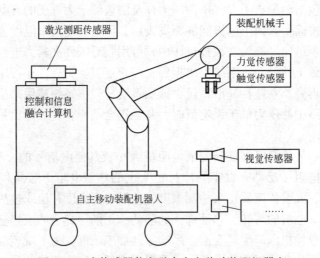

图 6-17　多传感器信息融合自主移动装配机器人

多传感器与单传感器的比较：多传感器数据融合系统可在更大程度上获取被探测目标和环境的信息量；单传感器信号处理或低层次的数据处理方式只是对人脑信息处理的一种低水平模仿。

多传感器融合系统主要特点是：①提供了冗余、互补信息；②信息分层的结构特性；③实时性；④低代价性。

目前，要使多传感器信息融合体系化尚有困难，而且缺乏理论依据。多传感器信息融合的理想目标应是人类的感觉、识别、控制体系，但由于对多传感器信息融合尚无一个明确的工程学的阐述，所以机器人传感器融合体系要具备什么样的功能尚是一个模糊的概念。相信随着机器人智能水平的提高，多传感器信息融合理论和技术将会逐步完善和系统化。

第 7 章　机器人的应用

7.1　机器人的应用领域

7.1.1　机器人的应用分类

机器人按照用途，可以分为军用机器人和民用机器人两大类。军用机器人主要用于军事上代替或辅助军队进行作战、侦察、探险等工作。根据不同的作战空间可分为地面军用机器人、空中军用机器人（即无人飞行机）、水下军用机器人和空间军用机器人等。军用机器人的控制方式一般有自主操控式、半自主操控式、遥控式等多种方式。在民用机器人中，各种生产制造领域中的工业机器人在数量上占绝对多数，成为机器人家族中的主力军；其他各种种类的机器人也开始在不同的领域得到研究开发和应用。

机器人按照智能程度，可以分成工业机器人、操纵机器人和智能机器人三大类。工业机器人主要应用于焊接、搬运、装配和喷漆等工作，但只能机械地按照规定的指令工作，并不能根据外界条件和环境变化而自适应工作；操纵机器人如飞机的自动驾驶仪等，可以按照人的指令灵活地执行命令；智能机器人具有一定的思维功能和自适应性，它能够根据环境的变化作出判断，并决定采取相应的动作，它是上述三种机器人中的最高形态。

机器人按照应用方向可分为工业机器人、水下机器人、空间机器人、服务机器人、军用机器人、农业机器人和仿人机器人7类。

7.1.2　工业机器人的应用领域

当前，工业机器人技术和产业迅速发展，在生产中应用日益广泛，已成为现代制造生产中重要的高度自动化装备。在工业机器人应用方面，日本在工业机器人领域的发展是首位的，成为机器人的王国；美国发展得也很迅速，目前在新安装的台数方面已经超过了日本；中国开始进入产业化的阶段，已经研制出多种工业机器人样机，已有小批量在生产中使用。工业机器人常见有以下5个应用领域。

1. 机械加工应用

因为市面上有许多自动化设备可以胜任机械加工的任务，因此机械加工行业机器人应用量并不高，约占2%。机械加工机器人主要从事应用的领域包括零件铸造、激光切割及水射流切割。

2. 机器人喷涂应用

机器人喷涂主要指的是涂装、点胶、喷漆等工作，约有5%的工业机器人从事喷涂的应用。

3. 机器人装配应用

装配机器人主要从事零部件的安装、拆卸及修复等工作。由于近年来机器人传感器技术的飞速发展，机器人应用越来越多样化，导致机器人装配应用比例的下降。约有10%的工业机器人从事装配应用。

4. 机器人焊接应用

机器人焊接应用主要应用于交通行业的汽车、火车等领域的点焊和弧焊，点焊机器人比弧焊机器人应用更广。许多加工车间都逐步引入焊接机器人，用来实现自动化焊接作业。用于焊接的机器人约占30%。

5. 机器人搬运应用

目前搬运仍然是机器人的第一大应用领域，约占机器人应用整体的40%。许多自动化生产线需要使用机器人进行上下料、搬运及码垛等操作。近年来，随着协作机器人的兴起，搬运机器人一直呈增长态势。

6. 机器人的其他主要应用

1）移动机器人

移动机器人是工业机器人的一种类型，它由计算机控制，具有移动、自动导航、多传感器控制、网络交互等功能，它可广泛应用于机械、电子、纺织、卷烟、医疗、食品、造纸等行业的柔性搬运、传输等功能，也用于自动化立体仓库、柔性加工系统、柔性装配系统；同时可在车站、机场、邮局的物品分拣中作为运输工具。

移动机器人是用现代物流技术配合、支撑、改造、提升传统生产线，实现点对点自动存取的高架箱储、作业和搬运相结合，实现精细化、柔性化、信息化，缩短物流流程，降低物料损耗，减少占地面积，降低建设投资等的高新技术和装备。

2）真空机器人

真空机器人是一种在真空环境下工作的机器人，主要应用于半导体工业中。真空机械手难进口、受限制、用量大、通用性强，成为制约半导体装备整机的研发进度和整机产品竞争力的关键部件。而且国外对中国买家严加审查，归属于禁运产品目录，真空机械手已成为严重制约我国半导体设备整机装备制造的"卡脖子"问题。

3）洁净机器人

洁净机器人是一种在洁净环境中使用的工业机器人。随着生产技术水平的不断提高，其对生产环境的要求也日益苛刻，很多现代工业产品生产都要求在洁净环境进行，洁净机器人是洁净环境下生产需要的关键设备。

4）检测机器人

检测机器人用于产品检验，包括显式检验（在加工过程中或加工后检验产品表面质量和几何形状、零件和尺寸的完整性）和隐式检验（在加工过程中检验零件质量或表面的完整性）两种。

7. 机器人的新兴应用领域

当前，全球正在经历科技、产业、资本高度耦合的新一轮变革，在信息、材料、制造、能源等领域竞相出现重大突破。尤其是互联网、大数据、人工智能的迅猛发展，以及大量新技术、新产品、新模式持续涌现，为机器人创新变革提供了重要动力。近些年，机器人新兴应用领域如下。

1）仓储及物流

仓储及物流行业历来具有劳动密集的典型特征，自动化、智能化升级需求尤为迫切。近年来，机器人相关产品及服务在电商仓库、冷链运输、供应链配送、港口物流等多种仓储及物流场景得到快速推广和频繁应用（如图 7-1 所示）。仓储类机器人已能够采用人工智能算法及大数据分析技术进行路径规划和任务协同，并搭载超声测距、激光传感、视觉识别等传感器完成定位及避障，最终实现数百台机器人的快速并行推进上架、拣选、补货、退货、盘点等多种任务。

(a) 仓库机器人　　　　　　　　　　　(b) 物流机器人

图 7-1　物流运输机器人

在物流运输方面，城市快递无人车依托路况自主识别、任务智能规划的技术构建起高效率的城市短程物流网络；山区配送无人机具有不受路况限制的特色优势，以极低的运输成本打通了城市与偏远山区物流航线。仓储和物流机器人凭借远超人类的工作效率，以及不间断劳动的独特优势，未来有望建成覆盖城市及周边地区高效率、低成本、广覆盖的无人仓储物流体系，极大提高人类生活的便利程度。

2）消费品加工制造

全球制造业智能化升级改造仍在持续推进，从汽车、工程机械等大型装备领域向食品、饮料、服装、医药等消费品领域加速延伸；同时，工业机器人开始呈现小型化、轻型化的发展趋势，使用成本显著下降，对部署环境的要求明显降低，更加有利于扩展应用场景和开展人机协作。

目前，多个消费品行业已经开始围绕小型化、轻型化的工业机器人推进生产线改造，逐步实现加工制造全流程生命周期的自动化、智能化作业，部分领域的人机协作也取得了一定进展，如图 7-2 所示。随着机器人控制系统自主性、适应性、协调性的不断加强，以及大规模、小批量、柔性化定制生产需求的日渐旺盛，消费品行业将成为工业机器人的重要应用领域，推动机器人市场进入新的增长阶段。

图 7-2   消费品加工制造机器人

3）外科手术及医疗康复

外科手术和医疗康复领域具有知识储备要求高、人才培养周期长等特点，专业人员的数量供给和配备在一定时期内相对有限，与人民群众在生命健康领域日益扩大的需求不能完全匹配，引致高水平、专业化的外科手术和医疗康复类机器人有着非常迫切而广阔的市场需求空间。

在外科手术领域，凭借先进的控制技术，机器人在力度控制和操控精度方面明显优于人类，能够更好地解决医生因疲劳而降低手术精度的问题。通过专业人员的操作，外科手术机器人已能够在骨科、胸外科、心内科、神经内科、腹腔外科、泌尿外科等专业化手术领域获得一定程度的临床应用，如图 7-3（a）所示。在医疗康复领域，日渐兴起的外骨骼机器人通过融合精密的传感及控制技术，为用户提供可穿戴的外部机械设备，能够满足永久损伤患者恢复日常生活的需求，同时协助可逆康复患者完成训练，实现更快速的恢复治疗，如图 7-3（b）所示。

(a) 医疗手术机器人   (b) 医疗康复机器人

图 7-3   医疗机器人

随着运动控制、神经网络、模式识别等技术的深入发展，外科手术及医疗康复领域的机器人产品将得到更为广泛普遍的应用，成为人类在医疗领域的助手与伙伴，为患者提供更为科学、稳定、可靠的高质量服务。

4）楼宇及室内配送

在现代工作生活中，居住及办公场所具有逐渐向高层楼宇集聚的趋势，等候电梯、室内步行等耗费的时间成本成了临时餐饮诉求和取送快递的关键痛点。不断显著增长的即时性小件物品配送需求，为催生相应专业服务机器人提供了充足的前提条件。依托地图构建、路径规划、机器视觉、模式识别等先进技术，能够提供跨楼层到户配送服务的机器人开始在各类大型商场、餐馆、宾馆、医院等场景陆续出现。目前，部分场所已开始应用能够与电梯、门禁进行通信互联的移动机器人，为场所内用户提供真正点到点的配送服务，完全替代了人工，如图 7-4 所示。

图 7-4 楼宇及室内配送机器人

随着市场成熟度的持续提升，用户认可度的不断提高，以及相关设施配套平台的逐步完善，楼宇及室内配送机器人将会得到更多的应用普及，并结合会议、休闲、娱乐等多元化场景孕育出更具想象力的商业生态。

5）智能陪伴与情感交互

现代工作和生活节奏持续加快，往往难以有充足的时间与合适的场地来契合人类相互之间的陪伴与交流诉求。随着智能交互技术的显著进步，智能陪伴与情感交互类机器人正在逐步获得市场认可，如图 7-5 所示。以语音辨识、自然语义理解、视觉识别、情绪识别、场景认知、生理信号检测等功能为基础，机器人可以充分分析人类的面部表情和语调方式，并通过手势、表情、触摸等多种交互方式做出反馈，极大提升用户体验效果，满足用户的陪伴与交流诉求。

(a) 智能陪伴机器人   (b) 情感交互机器人

图 7-5 智能陪伴与情感交互机器人

随着深度学习技术的进步和认知推理能力的提升，智能陪伴与情感交互机器人系统内嵌的算法模块将会根据不同用户的性格、习惯及表达情绪，形成独立而有差异化的反馈效果，即所谓"千人千面"的高级智能体验。

6）复杂环境与特殊对象的专业清洁

现代社会存在较多繁重危险的专业清洁任务，耗费大量人力及时间成本却难以达到预期效果。依托三维场景建模、定位导航、视觉识别等技术的持续进步，采用机器人逐步替代人类开展各类复杂环境与特殊对象的专业清洁工作已成为必然趋势。在城市建筑方面，机器人能够攀附在摩天大楼、高架桥之上完成墙体表面的清洁任务，有效避免了清洁工高楼作业的安全隐患。在高端装备领域，机器人能够用于高铁、船舶、大型客机的表面保养除锈，降低了人工维护成本与难度。在地下管道、水下线缆、核电站等特殊场景中，机器人能够进入到人类不适于长时间停留的环境完成清洁任务，如图 7-6 所示。

(a) 水下机器人　　　　　　　　　　　　　(b) 清洁机器人

图 7-6　复杂环境与特殊对象的专业清洁机器人

随着解决方案平台化、定制化水平日益提高，专业清洁机器人的应用场景将进一步扩展到更多与人类生产生活更为密切相关的领域。

7）城市应急安防

城市应急处理和安全防护的复杂程度大、危险系数高，相关人员的培训耗费和人力成本日益提升，应对不慎还可能出现人员伤亡，造成重大损失。各类适用于多样化任务和复杂性环境的特种机器人正在加快研发，并逐渐成为应急安防部门的重要选择，如图 7-7 所示。

图 7-7　城市应急安防机器人

　　可用于城市应急安防的机器人细分种类繁多，且具有相当高的专业性，一般由移动机器人搭载专用的热力成像、物质检测、防爆应急等模块组合而成，包括安检防爆机器人、毒品监测机器人、抢险救灾机器人、车底检查机器人、警用防暴机器人等。可以预见，机器人在城市应急安防领域的日渐广泛应用，能显著提升人类对各类灾害及突发事件的应急处理能力，有效增强紧急情况下的容错性。如何逐步推动机器人对危险的预判和识别能力，将是城市应急安防领域亟待攻克的难题。

　　8）影视作品拍摄与制作

　　当前全球影视娱乐相关产业规模日益扩大，新颖复杂的拍摄手法以及对场景镜头的极致追求促使各类机器人更多参与拍摄过程，并为后期制作提供专业的服务。目前广泛应用在影视娱乐领域中的机器人主要利用微机电系统、惯性导航算法、视觉识别算法等技术，实现系统姿态平衡控制，保证拍摄镜头清晰稳定，以航拍无人机、高稳定性机械臂云台为代表的机器人已得到广泛应用。随着性能的持续提升和功能的不断完善，机器人有望逐渐担当起影视拍摄现场的摄像、灯光、录音、场记等职务。配合智能化的后期制作软件，普通影视爱好者也可以在人数、场地受限的情况下拍摄制作自己的影视作品，如图 7-8 所示。

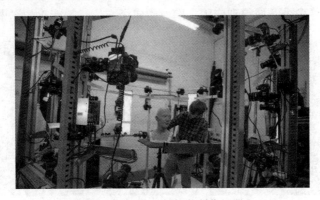

图 7-8　影视作品拍摄与制作机器人

　　9）能源及矿产采集

　　能源及矿产的采集场景正在从地层浅表延伸至深井、深海等危险复杂的环境，开采成本持续上升，开采风险显著增加，亟须采用具备自主分析和采集能力的机器人替代人力。依托计算机视觉、环境感知、深度学习等技术，机器人可实时捕获机身周围的图像信息，建立场景的对应数字模型，根据设定采集指标自行规划任务流程，自主执行钻孔检测及采集能源矿产的各种工序，有效避免在资源运送过程中的操作失误及人员伤亡事故，提升能源矿产采集的安全性和可控性。能源及矿产采集机器人如图 7-9 所示。

　　随着机器人环境适应能力和自主学习能力的不断提升，曾经因自然灾害、环境变化等缘故不再适宜人类活动的废弃油井及矿场有望得到重新启用，对于扩展人类资源利用范围和提升资源利用效率有着重要意义。

　　10）国防与军事

　　现代战争环境日益复杂多变，海量的信息攻防和快速的指令响应成为当今军事领域的重要考量，对具备网络与智能特征的各类军用机器人的需求日渐紧迫，世界各主要发达国家已纷纷投入资金和精力积极研发能够适应现代国防与军事需要的军用机器人。目前，以军用无

(a) 能源采集机器人　　　　　　　　　　　　(b) 矿产采集机器人

图 7-9　能源及矿产采集机器人

人机、多足机器人、无人水面艇、无人潜水艇、外骨骼装备为代表的多种军用机器人正在快速涌现，凭借先进传感、新材料、生物仿生、场景识别、全球定位导航系统、数据通信等多种技术，已能够实现"感知—决策—行为—反馈"流程，在战场上自主完成预定任务。综合加快战场反应速度、降低人员伤亡风险、提高应对能力等各方面因素考虑，未来军事机器人将在海、陆、空等多个领域得到应用，助力构建全方位、智能化的军事国防体系。

(a) 国防机器人　　　　　　　　　　　　(b) 军事机器人

图 7-10　国防与军事机器人

7.2　焊接机器人

7.2.1　焊接机器人应用背景

工业制造领域中应用最广泛的机器人是焊接机器人，特别是在汽车、火车车辆制造中约有 80% 焊接件，这些零部件都需要焊接机器人去实现。

焊接是制造业中主要的一种加工工艺方法，在现代机械制造中占有越来越重要的地位。以前采用人工操作焊接加工是一项繁重的工作，随着许多焊接结构件的焊接精度和速度要求越来越高，人工焊接已难以胜任这一工作。此外，焊接时的电弧、火花及烟雾等会对人体造成很大伤害，焊接制造工艺的复杂性、劳动强度、产品质量、批量等要求，使得焊接工艺对于自动化、机械化的要求极为迫切，实现机器人自动焊接代替人工焊接成为焊接领域追求的目标。

车辆制造的批量化、高效率和对产品质量一致性的要求，使焊接机器人在车辆焊接中获得大量应用。车辆制造中的机器人自动焊接所占比重也远远超过建筑、造船、钢结构等其他行业，这也反映出汽车焊接生产所具有的自动化、柔性化、集成化的制造特征。焊接机器人是焊接自动化的革命性进步，它突破了焊接刚性自动化的传统方式，开拓了一种柔性自动化生产方式。

由于机器人具有示教再现功能，完成一项焊接任务只需要人给机器人作一次示教，随后机器人可精确地再现示教的每一步操作。如果需要机器人去做另一项工作，无须改变任何硬件，只要对机器人再作一次示教或编程即可。因此，在一条焊接机器人生产线上，可同时自动生产若干不同产品。

由于存在焊接烟尘、弧光、金属飞溅，焊接环境恶劣，焊接质量的好坏决定了产品的质量。焊接机器人的重要性如下。

（1）焊接质量稳定并得到提高，均一性得到保障。焊接结果主要受焊接电流、电压、速度及干伸长度等焊接参数的影响。机器人焊接时，每条焊缝的焊接参数恒定，人为影响比较小。当人工焊接时，焊接速度、干伸长度等都是变化的，质量的均一性不能保障。

（2）工人劳动强度得到减小。工人在焊接机器人的应用中只负责装卸工件，从而远离了焊接弧光、烟雾和飞溅等，不用再搬运笨重的手工焊钳，大大减小了工人的劳动强度。

（3）劳动生产率得到提高。机器人不会感到疲劳，可以整天 24 小时连续生产，随着高速高效焊接技术的应用，使用机器人焊接，劳动生产率得到大幅提高。

（4）产品周期明确，产品产量容易控制。机器人的生产环节是固定的，所以安排生产的计划将会非常明确。

（5）大大缩短了产品改型换代的周期，设备投资相应减少。焊接机器人可以实现小批量产品的自动化，通过修改程序来适应不同工况，较传统焊接优势明显。

（6）能在空间站建设、核能设备维修、深水焊接等极限条件下完成人工无法或难以进行的焊接作业。

（7）为焊接柔性生产线提供了技术基础。

7.2.2　焊接机器人的组成

如图 7-11 所示，焊接机器人一般由以下几个部分组成：操作机、变位机、控制器、焊接系统、焊接传感器、中央控制计算机、安全设备等。

1. 操作机

操作机是焊接机器人系统的执行机构，其任务是精确地保证末端执行器（焊枪）所要求的位置、姿态并实现其运动。一般情况下，工业机器人操作机从结构上至少应具有三个以上的可自由编程运动关节。

具有 6 个旋转关节的铰接开链式机器人操作机能以最小的结构尺寸获取最大的工作空间，并且能以较高的位置精度和最优的路径到达指定位置，因而这种类型的机器人操作机在焊接领域得到了广泛的应用。

2. 变位机

变位机作为机器人焊接生产线及焊接柔性加工单元的重要组成部分，其作用是将被焊工件旋转（平移）到最佳的焊接位置。

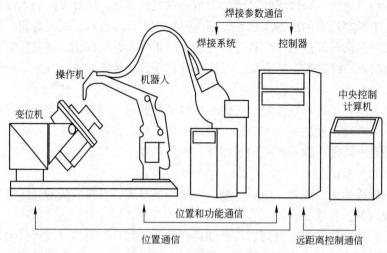

图 7-11 焊接机器人的组成

在焊接作业前和焊接过程中，对工件的不同要求决定了变位机的负载能力及其运动方式。

通常，焊接机器人系统采用两台变位机：一台进行焊接作业，另一台则完成工件装卸，从而提高系统的运行效率。

3. 控制器

控制器是整个机器人系统的神经中枢。控制器负责处理焊接机器人工作过程中的全部信息和控制其全部动作。

4. 焊接系统

焊接系统是焊接机器人得以完成作业的必需装备，主要由焊钳或焊枪、焊接控制器以及水、电、气等辅助部分组成。

焊接控制器是焊接系统的控制装置，它根据预定的焊接监控程序，完成焊接参数输入、焊接程序控制及焊接系统故障自诊断，并实现与上位机的通信联系。

用于弧焊机器人的焊接电源及送丝设备由于参数选择的需要，必须由机器人控制系统直接控制，电源的功率和接通时间必须与自动过程相符。

5. 焊接传感器

在焊接过程中，尽管机器人操作机、变位机、装卡设备和工具能达到很高的精度，但由于存在被焊工件几何尺寸和位置误差以及焊接过程中的热变形，传感器仍是焊接过程中不可缺少的设备。

传感器的任务是实现工件坡口的定位、跟踪，以及焊缝熔透信息的获取。

6. 中央控制计算机

中央控制计算机在工业机器人向系统化、PC 化和网络化的发展过程中发挥着重要的作用。

通过相应接口与机器人控制器相连接，中央控制计算机主要用于在同一层次或不同层次的计算机间形成通信网络，同时与传感系统相配合，实现焊接路径和参数的离线编程、焊接专家系统的应用及生产数据的管理。

7. 安全设备

安全设备是焊接机器人系统安全运行的重要保障，其主要包括驱动系统过热自断电保护、动作超限位自断电保护、超速自断电保护、机器人系统工作空间干涉自断电保护及人工急停断电保护等，它们起到防止机器人伤人或损坏周边设备的作用。

7.2.3　焊接机器人的分类

焊接机器人可以按用途、结构、受控方式及驱动方法等进行分类。世界各国生产的焊接用机器人基本上都属关节型机器人，绝大部分有 6 个轴。目前焊接机器人应用中比较普遍的主要有三种：弧焊机器人、点焊机器人和激光焊接机器人。

1. 弧焊机器人

弧焊机器人在许多行业中得到广泛应用，是工业机器人最大的应用领域。弧焊机器人不只是一台以规划的速度和姿态携带焊枪移动的单机，还包括各种电弧焊附属装置在内的柔性焊接系统。

弧焊机器人是用于弧焊（主要有熔化极气体保护焊和非熔化极气体保护焊）自动作业的工业机器人，其末端持握的工具是焊枪。事实上，弧焊过程比点焊过程要复杂得多，被焊工件由于局部加热熔化和冷却产生变形，焊缝轨迹会发生变化。因此，焊接机器人的应用并不是一开始就用于电弧焊作业，而是伴随焊接传感器的开发及其在焊接机器人中的应用，使机器人弧焊作业的焊缝跟踪与控制问题得到有效解决。

1）弧焊机器人的工作机理

弧焊机器人的应用范围很广，除汽车行业之外，在通用机械、金属结构等许多行业中都有应用。弧焊机器人工作机理如图 7-12 所示。

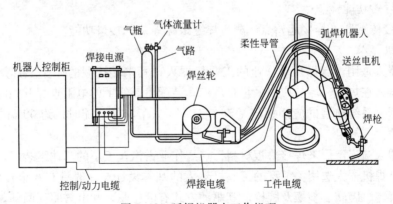

图 7-12　弧焊机器人工作机理

焊接机器人在汽车制造中的应用也相继从原来比较单一的汽车装配点焊很快发展为汽车零部件及其装配过程中的电弧焊。

在弧焊作业中，要求焊枪跟踪焊件的焊道运动，并不断填充金属形成焊缝。因此，运动过程中速度的稳定性和轨迹精度是两项重要的指标。

此外，弧焊机器人还应具有抖动功能、坡口填充功能、焊接异常（如断弧、工件熔化等）检测功能、与焊接传感器（焊接起始点检测、焊道跟踪等）的接口功能。

2）弧焊机器人的作业性能

一般情况下，焊接速度取 5～50 mm/s、轨迹精度为 0.2～0.5 mm。

由于焊枪的姿态对焊缝质量也有一定影响，因此希望在跟踪焊道的同时，焊枪姿态的可调范围尽量大。作业时，为了得到优质焊缝，往往需要在动作的示教及焊接条件（电流、电压、速度）的设定上花费大量的劳力和时间，所以除上述性能方面的要求外，如何使机器人便于操作也是一个重要课题。

3）弧焊机器人的分类

从机构形式划分，既有直角坐标型的弧焊机器人，也有关节型的弧焊机器人。对于小型、简单的焊接作业，机器人有 4、5 轴即可以胜任了；对于复杂工件的焊接，采用 6 轴机器人对调整焊枪的姿态比较方便。对于特大型工件焊接作业，为加大工作空间，有时把关节型机器人悬挂起来，或者安装在运载小车上使用。

弧焊机器人可以被应用在所有电弧焊、切割技术范围及类似的工艺方法中。最常用的应用范围是结构钢和熔化极活性气体保护焊（CO_2 气体保护焊、熔化极活性气体保护焊），铝及特殊合金熔化极惰性气体保护焊，CrNi 钢和铝的加冷丝和不加冷丝的钨极惰性气体保护焊（TIG）及埋弧焊等。

除气割、等离子弧切割及等离子弧喷涂外，还实现了在激光切割上的应用。

4）弧焊机器人的其他性能

弧焊机器人的其他性能如下：

① 能够通过示教器设定焊接条件（电流、电压、速度等）；

② 摆动功能；

③ 坡口填充功能；

④ 焊接异常功能检测；

⑤ 与焊接传感器（焊接起始点检测、焊缝跟踪等）的接口功能。

2. 点焊机器人

点焊机器人是用于点焊自动作业的工业机器人，其末端持握的作业工具是焊钳。实际上，工业机器人在焊接领域的应用最早是从汽车装配生产线上的电阻点焊开始的。

点焊机器人系统典型的应用领域是汽车工业。汽车车体装配时，约 60% 的焊点是由机器人来完成的。

点焊机器人被广泛用来焊接薄板材料，点焊作业占汽车工厂的车体组装工程的大半。

通常，点焊机器人选用关节型的工业机器人的基本设计，一般具有 6 个自由度：腰转、大臂转、小臂转、腕转、腕摆及腕捻。其驱动方式有液压驱动和电气驱动两种。

点焊机器人按照示教程序规定的动作、顺序和参数进行点焊作业，其过程是完全自动化的，并且具有与外部设备通信的接口，可以通过这一接口接受上一级主控与管理计算机的控制命令并进行工作。

汽车工业引入机器人已取得了明显效益，改善了多品种混流生产的柔性，提高了焊接质量，并把工人从恶劣的作业环境中解放出来。点焊机器人逐渐被要求具有更全的作业性能。

1）点焊机器人的作业性能要求

点焊机器人逐渐被要求具有更全的作业性能：

① 高的加速度和减速度；

② 良好的灵活性，至少有5个自由度；

③ 良好的安全可靠性；

④ 通常要求工作空间大，适应焊接工作要求，承载能力高；

⑤ 持重大（60~150 kg），以便携带内装变压器的焊钳；

⑥ 定位精度高（±0.25 mm），以确保焊接质量；

⑦ 可见焊点处直径小于或等于 1 mm，不可见焊点处不大于 3 mm；

⑧ 考虑到焊接空间小，为避免与工件碰撞，通常要求小臂很长。

2）点焊机器人的组成

点焊机器人的组成如图 7-13 所示。

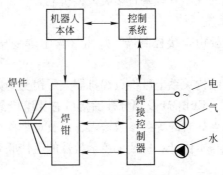

图 7-13　点焊机器人的组成

目前应用较广的点焊机器人，其本体形式有落地式垂直多关节型、悬挂式垂直多关节型、直角坐标型和定位焊接用机器人。主流机型为多用途的大型 6 轴垂直多关节型机器人。这是因为，工作空间/安装面积之比大，持重多数为 100 kg 左右，还可以附加整机移动的自由度。

点焊机器人控制系统由本体控制部分及焊接控制部分组成。本体控制部分主要是实现示教在线、焊点位置及精度控制，以及控制分段的时间及程序转换。除此之外，还通过改变主电路晶闸管的导通角而实现焊接电流控制。

点焊机器人的焊接系统即手臂上所握的焊枪包括电极、电缆、气管、冷却水管及焊接变压器。焊枪相对比较重，要求手臂的负重能力较强。

目前使用的机器人点焊电源有单相工频交流点焊电源和逆变二次整流式点焊电源。

3）点焊机器人的分类

对于点焊机器人来说，希望安装面积小，工作空间大，快速完成小节距的多点定位（如每 0.3~0.4 s 移动 30~50 mm 节距后定位），定位精度高（±0.25 mm），以确保焊接质量，持重大（300~1 000 N），以便携带内装变压器的焊钳，示教简单，节省工时，安全可靠性好等。表 7-1 为点焊机器人的分类、特点和用途。

表 7-1　点焊机器人的分类、特点和用途

分类	特点	用途
落地式垂直多关节型	工作空间/安装面积之比大，持重多数为 1 000 N 左右，有时还可以附加整机移动自由度	主要用于增强焊点作业

分类	特点	用途
悬挂式垂直多关节型	工作空间均在机器人的下方	车体的拼接作业
直角坐标型	多数为 3、4、5 轴，适合于连续直线焊缝，价格便宜	
定位焊接用机器人（单向加压）	能承受 500 kg 加压反力的高刚度机器人。有些机器人本身带加压作业功能	车身底板的定位焊

在驱动形式方面，由于电伺服技术的迅速发展，机器人也在朝电动机驱动方向过渡。在机型方面，主流仍是多用途的大型 6 轴垂直多关节型机器人。

4）点焊机器人的焊接系统

点焊机器人焊接系统主要由焊接控制器、焊钳（含阻焊变压器）及水、电、气等辅助部分组成。

从阻焊变压器与焊钳的结构关系上可将点焊机器人焊钳分为内藏式、分离式和一体式三种形式。点焊控制器由 CPU、EPROM 及部分外围接口芯片组成最小控制系统，它可以根据预定的焊接监控程序，完成点焊时的焊接参数输入，以及点焊程序控制。焊接电流控制及焊接系统故障自诊断，并实现与本体计算机及手控示教器的通信联系。点焊机器人可分为中央结构和分散结构两种。

3. 激光焊接机器人

激光焊接机器人是用于激光焊自动作业的工业机器人。通过高精度工业机器人实现更加柔性的激光加工作业，其末端持握的工具是激光加工头。它具有最小的热输入量，能产生极小的热影响区，在显著提高焊接产品品质的同时，减少了后续工作量的时间。

机器人是高度柔性的加工系统，这就要求激光器必须具有高度的柔性，目前激光焊接机器人都选用光纤传输的激光器（如固体激光器、半导体激光器、光纤激光器等）。在机器人手臂的夹持下，其运动由机器人的运动决定，因此能匹配完全的自由轨迹加工，完成平面曲线、空间的多组直线、异形曲线等特殊轨迹的激光焊接。

激光焊接机器人系统如图 7-14 所示。智能化激光加工机器人主要包括大功率可光纤传输激光器、光纤耦合和传输系统、激光光束变换光学系统、六自由度机器人本体、机器人数字控制系统（控制器、示教器）、激光加工头材料进给系统（高压气体、送丝机、送粉器）、焊缝跟踪系统（包括视觉传感器、图像处理单元、伺服控制单元、运动执行机构及专用电缆等）、焊接质量检测系统（包括视觉传感器、图像处理单元、缺陷识别系统及专用电缆等），激光加工工作台等。

激光焊接成为一种成熟的无接触的焊接方式已经多年，极高的能量密度使得高速加工和低热输入量成为可能。与弧焊机器人相比，激光焊机器人的焊缝跟踪精度要求更高。基本性能要求如下：

① 轨迹高精度；

② 持重大（30～50 kg），以便携带激光加工头；

③ 可与激光器进行高速通信；

④ 机械臂刚性好，工作范围大；

⑤ 具备良好的振动抑制和控制修正功能。

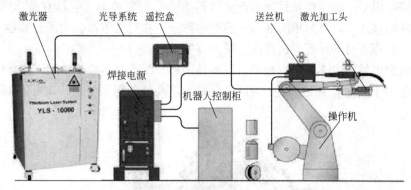

图 7-14　激光焊接机器人系统

7.3　装配机器人

装配机器人是工业生产中用于装配生产线上对零件或部件进行装配的一类工业机器人。作为柔性自动化装配的核心设备，装配机器人具有精度高、工作稳定、柔顺性好、动作迅速等特点。装配机器人已逐步应用于装配复杂部件，如装配发动机、电机、大规模集成电路板等，用机器人来实现自动化装配作业是现代化生产的必然趋势。

随着自动化行业的不断发展，人力成本不断上升，劳动力短缺现象日益严重，装配机器人逐渐显示出其强大功能，可完成精密组装，具有高速度、高精度、小型化等优势。采用机器人装配可解决生产制造企业人员流动带来的影响，并为企业提高产品质量，扩大产能，减少材料浪费，增加产出率，推动工业产业升级，提高市场竞争力做出重大贡献。

7.3.1　装配机器人的分类及特点

装配机器人在不同装配生产线上发挥着强大的装配作用，装配机器人大多由 4～6 轴组成。目前常见的装配机器人按臂部运动形式分为直角式装配机器人和关节式装配机器人，关节式装配机器人又分为水平串联关节式、垂直串联关节式及并联关节式，如图 7-15 所示。

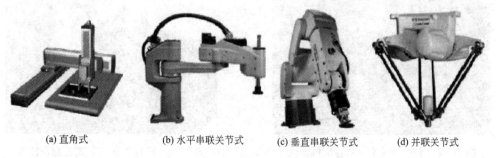

(a) 直角式　　　(b) 水平串联关节式　　　(c) 垂直串联关节式　　　(d) 并联关节式

图 7-15　装配机器人

1. 直角式装配机器人

直角式装配机器人的结构在目前的产业机器人中是最简单的。它具有操作简便的优点，被用于零部件的移送，以及简单的插入、旋拧等作业。在机构方面，大部分装备了球形螺丝和伺服电机，具有可自动编程、速度快、精度高等特点。

直角式装配机器人也称单轴机械手，以直角坐标系统为基本数学模型，整体结构模块化设计，广泛应用于节能灯装配、电子类产品装配和液晶屏装配等场合，如图 7-16 所示。

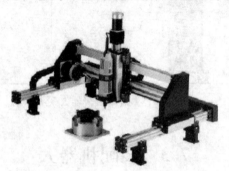

图 7-16　直角式装配机器人装配缸体

2. 关节式装配机器人

1）水平串联关节式

水平串联关节式装配机器人也称为平面关节型装配机器人或 SCARA 机器人，是目前装配生产线上应用数量最多的一类装配机器人，如图 7-17 所示。它属于精密型装配机器人，具有速度快、精度高、柔性好等特点，驱动采用交流伺服电机，保证具有较高的重复定位精度，广泛应用于电子、机械、轻工业等有关产品的装配，适合工厂柔性化生产需求。由于这种机器人所具有的各种特征符合企业的需求，因此需求量非常大。

2）垂直串联关节式

垂直串联关节式装配机器人大多具有 6 个自由度，这样可以在空间上的任意一点，确定任意姿势。因此，这种类型的机器人所面向的往往是在三维空间的任意位置和姿势作业，如图 7-18 所示。

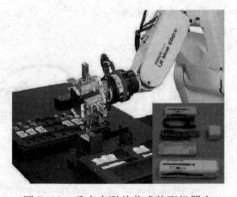

图 7-17　水平串联关节式装配机器人　　　　图 7-18　垂直串联关节式装配机器人

3）并联关节式

并联关节式装配机器人是一种轻型、结构紧凑、高速装配机器人，可安装在任意倾斜角度上，独特的并联结构可以实现快速、敏捷的动作且减少了非积累定位误差，具有小巧、安装方便、精准灵敏等优点，广泛应用于 IT、电子等装配领域。

目前在装配领域，并联关节式装配机器人有两种形式可供选择：3 轴手腕（合计 6 轴）和 1 轴手腕（合计 4 轴）。并联关节式装配机器人如图 7-19 所示。

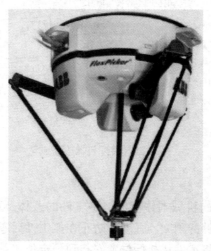

图 7-19　并联关节式装配机器人

3. 装配机器人的特点

通常装配机器人本体与搬运机器人、焊接机器人、涂装机器人在本体精度制造上有一定的差别。原因在于机器人在完成焊接、涂装作业时，机器人没有与作业对象接触，只需要示教机器人运动轨迹即可；而装配机器人需要与作业对象直接接触，并进行相应动作。搬运机器人、装配机器人在移动物料时运动轨迹多为开放性，而装配作业是一种约束运动类操作，即装配机器人精度要高于搬运机器人、码垛机器人、焊接机器人和涂装机器人。

尽管装配机器人在本体上较其他类型机器人有所区别，但在实际运用中无论是直角式装配机器人还是关节式装配机器人都有如下特性：

① 操作速度快，加速性能好，缩短工作循环时间；

② 精度高，具有极高的重复定位精度，保证装配精度；

③ 可实时调节和更换不同末端执行器以适应装配任务的变化，方便、快捷；

④ 提高生产效率，解决单一繁重体力劳动；

⑤ 改善工人劳动条件，摆脱有毒、有辐射装备环境；

⑥ 可靠性好，适应性强，稳定性高；

⑦ 柔顺性好，工作范围小，能与其他系统配套使用，能与零件供给器、输送装置等辅助设备集成，实现柔性化生产。

7.3.2　装配机器人的组成

装配机器人是柔性自动化装配系统的核心设备，由机械系统、传感器、控制系统、通信系统组成，具体如操作机、控制器、末端执行器和传感系统等。其中，操作机是机器人手腕末端机械接口所连接的直接参与作业的机构；控制器一般采用多 CPU 或多级计算机系统，实现运动控制和运动编程；末端执行器为适应不同的装配对象而设计成各种手爪和手腕等；传感系统用来获取装配机器人与环境和装配对象之间相互作用的信息。

装配机器人组成如图 7-20 所示。

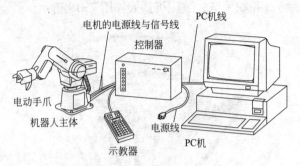

图 7-20　装配机器人组成

1. 机械结构

机械结构系统是机器人的机械本体部分，是工件的载体，可对工件位姿进行调节。因此，机械结构系统应具有足够的刚度、强度，防止在抓工件后零部件变形、断裂；满足运动空间，即按照规划好的路径将工件从初始位置安装到预定位置；具有冗余的自由度，补偿运动误差和制造误差；具有专用的机械手夹具，保证每次抓取工件后，工件在机械系统的位置不变。

装配机器人的机械本体一般由手部（末端执行器）、手腕、手臂及机座组成。根据结构不同，可分为 4 种类型：关节型、球坐标型、圆柱坐标型、直角坐标型。关节型和球坐标型灵活性好、工作空间大；直角坐标型刚度和精度高，但工作空间小；圆柱坐标型介于它们之间。

装配机器人的末端执行器是夹持工件移动的一种夹具，类似于搬运机器人、码垛机器人的末端执行器，常见的装配机器人执行器有吸附式、夹钳式、专用式、组合式。

1）吸附式末端执行器

吸附式末端执行器在装配中仅占一小部分，常应用于电视、鼠标等轻小物品装配，如图 7-21 所示。

(a) 吸附式机器人

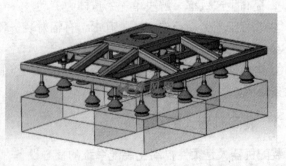

(b) 吸附式手爪

图 7-21　吸附式末端执行器

2）夹钳式手爪

夹钳式手爪是装配过程中最常用的一类手爪，多采用气动或伺服电机驱动，闭环控制配备传感器可实现准确控制手爪启动、停止、转速并对外部信号做出准确反应，具有重量轻、抓力大、速度高、惯性小、灵敏度强、转动平滑、力矩稳定等特点，如图 7-22 所示。

图 7-22　夹钳式手爪

3）专用式手爪

专用式手爪是在装配中针对某一类装配场合而单独设定的末端执行器，且部分带有磁力，常见的主要是螺钉、螺栓的装配，同样多采用气动或伺服电机驱动，如图 7-23 所示。

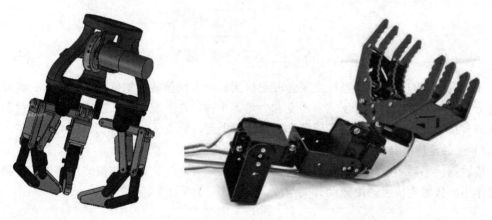

图 7-23　专用式手爪

4）组合式末端执行器

组合式末端执行器在装配作业中是通过组合获得各单组手爪优势的一类手爪，灵活性较大，多在机器人进行相互配合装配时使用，可以节约时间，提高效率，如图 7-24 所示。

2. 传感器

带有传感器系统的装配机器人可更好地完成销、轴、螺钉、螺栓装配等柔性化装配作业，在其作业中常用到的传感系统有视觉传感系统和触觉传感系统。

配备视觉传感系统的装配机器人可根据需要选择合适装配零件，并进行粗定位和位置补偿，可完成零件平面测量、形状识别等检测。视觉传感系统原理如图 7-25 所示。

图 7-24　组合式末端执行器

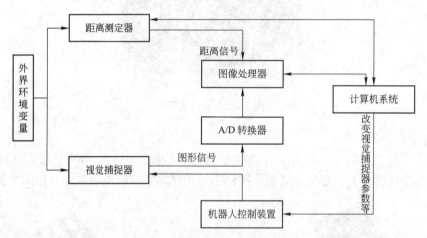

图 7-25　视觉传感系统原理

装配机器人的触觉传感系统主要是时刻检测机器人与被装配物件之间的配合，机器人触觉可分为接触觉、接近觉、压觉、滑觉和力觉等 5 种。在装配机器人进行简单工作过程中常见到的有接触觉传感器、接近传感器和力觉传感器等。

1）接触觉传感器

接触觉传感器一般固定在末端执行器的指端，只有末端执行器与被装配物件相互接触时才起作用。接触觉传感器由微动开关组成，如图 7-26 所示。

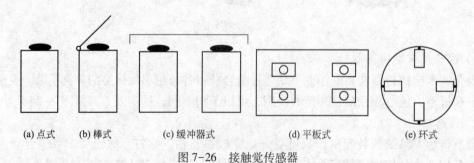

(a) 点式　　(b) 棒式　　(c) 缓冲器式　　(d) 平板式　　(e) 环式

图 7-26　接触觉传感器

2）接近传感器

接近传感器同样固定在末端执行器的指端，其在末端执行器与被装配物件接触前起作用，能测出执行器与被装配物件之间的距离、相对角度甚至表面性质等，属于非接触式传感器，如图 7-27 所示。

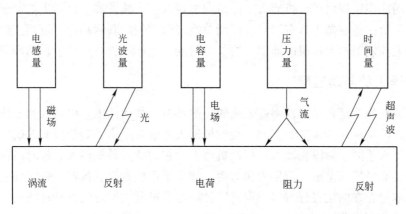

图 7-27　接近传感器

3）力觉传感器

力觉传感器普遍存在于各类机器人中，在装配机器人中力觉传感器不仅应用于末端执行器与环境作用过程中的力测量，而且应用于装配机器人自身运动控制和末端执行器夹持物体的夹持力测量等情况。常见装配机器人力觉传感器分关节力传感器、腕力传感器、指力传感器。

3. 控制系统

机器人控制系统是机器人的大脑，是决定机器人功能和性能的主要因素。工业机器人控制技术的主要任务就是控制自身在工作空间中的运动位置、姿态和轨迹、操作顺序及动作的时间等。它具有编程简单、软件菜单操作、友好的人机交互界面、在线操作提示和使用方便等特点。

装配机器人控制原理为：控制系统发出动作指令，控制驱动器动作，驱动器带动机械系统运动，使末端操作器到达空间某一位置和实现某一姿态，实施一定的作业任务。末端操作器在空间的实时位姿由感知系统反馈给控制系统，控制系统把实际位姿与目标位姿相比较，发出下一个动作指令，如此循环，直到完成作业任务为止。

1）开放性模块化的控制系统体系结构

分布式 CPU 计算机结构，分为机器人控制器、运动控制器、光电隔离 I/O 控制板、传感器处理板和编程示教器等。机器人控制器和编程示教器通过串口/CAN 总线进行通信。机器人控制器的主计算机完成机器人的运动规划、插补和位置伺服及主控逻辑、数字 I/O、传感器处理等功能，而编程示教器完成信息的显示和按键的输入。

2）模块化层次化的控制器软件系统

控制器软件系统采用分层和模块化结构设计，可以实现软件系统的开放性。软件系统一般分为三个层次：硬件驱动层、核心层和应用层。三个层次分别面对不同的功能需求，对应不同层次的开发，各个层次由若干个功能相对对立的模块组成，这些功能模块相互协作，共同实现该层次所提供的功能。

3）机器人的故障诊断与安全维护技术

对机器人故障进行诊断并进行相应维护，是保证机器人安全性的关键技术。

4）网络化机器人控制器技术

机器人的应用工程由单台机器人工作站向机器人生产线发展，机器人控制器的联网技术变得越来越重要。控制器上具有串口、现场总线及以太网的联网功能，可用于机器人控制器之间和机器人控制器同上位机的通信，便于对机器人生产线进行监控、诊断和管理。

7.3.3 机器人的自动装配

机器人装配作业是自动柔性制造系统的关键环节，如何使工业机器人实现快速、精密的装配作业是目前尚未完全解决的问题。装配机器人并没有走出实验阶段而普遍应用于工业生产，装配机器人不同于喷漆机器人、焊接机器人，它的特点是机器人工作时机械手末端所操作的工件与实际环境相接触，产生力和力矩。如果采用位置控制机器人来实现装配作业，则由于机器人本身存在的位置分辨率、重复定位精度及机器人所处的各种环境的不确定性，难以完成复杂的装配作业。

目前装配机器人采用的方法有被动适从调节方法、基于主动手腕的主动适从调节方法、基于机械本体的主动适从调节方法。

机器人在完全结构化和确定环境中获得广泛使用，但是非结构化和变化环境严重地限制了机器人在装配作业中的应用。具有精确位置伺服及刚度很大的机器人不适合执行装配过程中频繁产生接触的场合，因为很小的位置偏差将产生巨大的接触力，对于机械手和装配件都是非常有害的。克服刚体之间相互接触而产生巨大接触力的有效途径就是增加机械手和装配件在约束环境中的适从性。适从是指靠机器人所操作的工件和环境之间的接触力来修正它们的相对位置和运动。按照一般的分类，把采用力信息反馈的适从称为主动适从，而把机械结构在外力作用下的适从称为被动适从。

被动适从广泛地应用于解决机械手与其所处环境的不确定性带来的问题。通常，机械手具有两种不同的被动适从。

（1）由于机械手本身的柔性产生的被动适从。目前广泛应用的多关节型机器人，本身具有一定的柔性，在一定精度范围内可利用机械手本身的柔性完成装配任务。但不同的机械手或同一机械手不同位姿的柔性是不同的，因而末端的顺应不是准确已知的，机械结构的柔性较小，很小的位置偏差能导致较大的接触力。

（2）具有特殊用途的被动适从装置。它是根据具体任务设计出的一种被动适从结构。主动适从是以力反馈控制来实现的。按控制目标通常将约束运动中的力控制方法分为以下两类。

第一种是以非冲突的方法控制力和力矩，沿着被约束的方向控制力，沿着非约束方向控制位置，在加工过程中（磨光、打毛刺等）末端执行器的位置以及作用在环境的接触力必须同时控制。这类方法的共同点是设计出依赖于机械手运动学、动力学以及其环境的控制结构。如果机械手的约束环境变化，控制器的结构必须重新设置以适应这种变化。这种控制方案难以在装配机器人中获得应用，因为实现这种控制算法需要相当大的计算量，控制器综合复杂，缺乏精确的动力学模型及参数、高精度的力传感器及指定位置/力控制的策略。

第二种是根据接触力和位置之间的关系，确保机械手在约束环境中运动而保持适当的接触力，接触力作为机械手末端执行器相对于环境实际位置的信息源。

1. 柔顺装配机构

柔顺装配方法大致可分三类：第一类是被动装配的方法，如被动柔顺手腕 RCC 机构和被动柔顺工作台法、气流法、磁力法、振动法等；第二类是主动装配方法，如通过力觉伺服的主动柔顺手腕和主动柔顺工作台，通过视觉的伺服法，通过接近伺服的方法等；第三类是被动和主动相结合的装配方法。

1）被动柔顺手腕 RCC 机构

被动柔顺手腕 RCC 机构是一种纯机械式的装置。通过弹性变形或构件微小位移，克服装配机器人定位误差造成的配对装配件间的顶卡、阻滞现象，达到柔顺装配。这种机构完成插入操作的时间短，不要求信息处理，但允许定位误差受零件倒角限制，可能产生大的插入力，对工作环境的适应能力受到限制。各种柔顺手腕机构将继续得到研究和发展，主要是努力提高柔顺手腕对装配环境的适应能力。

2）主动柔顺手腕

主动柔顺手腕通过力觉直接获取接触和力（力矩）的信息，反馈给机器人手臂或手腕，通过微小的柔顺运动或校正力的施加方向和大小，达到柔顺装配。被动柔顺手腕只适合小的定位误差，并有一定的局限性，而主动柔顺手腕可以适应于大的定位误差以及零件无倒角的情况。但是，主动柔顺手腕搜索运动和信息处理时间长，所以插入时间较长。

3）智能手爪

装配机器人进行各种装配作业，最后都是通过末端执行器来完成的，末端执行器包括各种装配工具，如用来完成拧螺钉螺母、钻、焊、软焊、粘配、测量等的各种手爪，其中应用最多的是各种手爪（二指、三指、多指）。多功能的手爪系列的开发和研究，对扩大装配机器人的应用是非常关键的。装配机器人智能化在很大程度上可以在手爪上得到体现，在手爪机构中可以配置各种传感器，如接近传感器、接触觉传感器、力（力矩）觉传感器、物体光学辨识系统、位移传感器等。通过这些传感系统就有可能使手爪本身或机器人实现自适应控制和智能控制，进行柔顺装配，以及判断或识别被抓物品的位置、形状等功能，完成更复杂、更细微的装配作业。

2. 轴孔装配的柔顺装配方法分析

轴孔最理想状态是轴孔同轴，配合后间隙均匀。但是，实际中由于装配系统加工、装配误差、检测系统的检测误差、运动的定位精度等，都会造成轴孔不能完全同轴。装配时存在以下三种偏差情况（见图7-28）：

① 轴孔的轴线平行，但不重合，存在偏差 X；

② 由于定位或检测精度不够，造成在轴未插入孔中时，存在夹角 θ；

③ 轴插入到孔中时，由于加工误差造成在某一段轴线偏差 β 或者由于插入运动方向与轴的轴线不平行造成角度偏差 β。

角度偏差 β 相对于轴线偏差 θ 和偏差 X 是可以忽略的，在设计中不作为重点考虑。要能够消除轴线偏差 θ 和偏差 X 修正轴的姿态，需要装配系统具有：足够高的灵敏度检测出轴孔偏差量，很高的定位精度使偏差尽可能小，足够的刚度确保系统变形足够小，足够的调整自由度来调整工件的姿态。

被动柔顺装配通过辅助的柔顺机构，靠轴孔接触力来驱动柔顺机构，调整被装对象的姿态。由于主动柔顺装配是靠轴孔的接触力来修正相对姿态的，存在偏差情况，轴孔始终相对滑动着完成装配。这种方法不需要复杂的检测设备，对定位精度要求也不高，适合装配精度

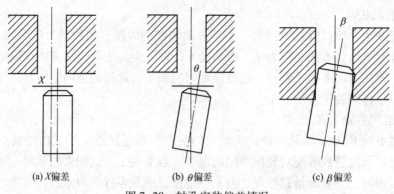

(a) X偏差   (b) θ偏差   (c) β偏差

图 7-28   轴孔安装偏差情况

不高、质量小、对装配表面没有影响的装配对象。主动柔顺装配中轴配合是指通过传感器检测出轴孔偏差,装配控制系统根据反馈偏差信息,修正被装对象的姿态。

根据引导的方式可分为视觉引导、接近觉引导、力控制引导。

视觉引导是指通过分析处理由工业相机拍下的孔和轴的图像,得出轴孔的轴线偏差反馈给控制系统,控制系统根据反馈调整机械手位姿,反复检查和调整轴孔偏差在一定范围后再实施精装配。视觉引导的精度受相机的分辨率、平行光源的强度、周围光线、轴孔配合间隙和配合长度的影响。同时,实时处理图像花费时间,处理相机和装配运动系统之间的坐标转换也需要大量时间,整个系统适应性不强。因此,在装配环境恶劣的情况下,使用视觉引导很难达到装配要求。

接近觉引导是通过装配系统末端的接近传感检测出与被装对象的距离和相对倾角,配合搜索和识别功能的软件程序来完成装配。这种方式对传感器的精度要求很高,适合一些配合精度不高的场所。

力控制引导是靠力觉反馈,调整机械手姿态,使轴孔由接触到非接触状态转换。因此,靠这种方式并不能使轴孔配合后有均匀的间隙,对于有台阶的轴孔配合时很可能在下一个轴段不能配合在一起。另外,当检测到力后,系统并不能立即停止,为了减小碰撞冲击,只能降低速度以提高系统的响应速度。

自动寻找法轴孔装配是通过一定的装置使得待装配的零件自动寻找正确的位置,待装配的零件按照随机或预想的轨迹运动,直到一个偶然的机会与配合对象对准重合。如图 7-29 (a) 所示,由于轴线偏差的存在,气流流过待装轴时受到的阻力不同,在轴周围形成压力差,

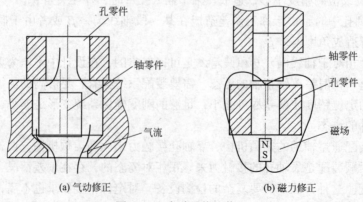

(a) 气动修正   (b) 磁力修正

图 7-29   自动寻找法装配

通过压力差的作用将轴修正并吸入孔中；图 7-29（b）是通过磁场来修正位姿的，完成自动装配。可以看出，自动寻找法是一种以安装对象作为基准，通过某种介质修正偏差，一般适合于质量比较轻的零件装配。

7.3.4 装配机器人的研究对象与关键技术

1. 装配机器人的研究内容

1）装配机器人操作机结构的优化设计技术

探索新的高强度轻质材料，进一步提高负载自重比，同时机构进一步向着模块化、可重构方向发展。

2）直接驱动装配机器人

传统机器人都要通过一些减速装置来达到降速并提高输出力矩的功能，其传动链会增加系统功耗、惯量、误差等，并降低系统可靠性。为了减小关节惯性，实现高速、精密、大负载及高可靠性，一种趋势是采用高扭矩低速电机直接驱动。

3）机器人控制技术

重点研究开放式、模块化控制系统，人机界面更加友好，语言、图形编程界面正在研制之中。机器人控制器的标准化和网络化，以及基于 PC 机网络式控制器已成为研究热点。编程技术除进一步提高在线编程的可操作性之外，离线编程实用化的完善成为研究重点。

4）多传感器融合技术

为进一步提高机器人的智能化和适应性，多种传感器的使用是其解决问题的关键。其研究热点在于有效可行的多传感器融合技术，特别是在非线性及非平稳、非正态分布的情形下的多传感器融合算法。此外，机器人的结构要求更加灵巧，控制系统越来越小，二者正朝着一体化方向发展。

5）机器人遥控及监控技术、机器人半自主和自主技术

多机器人和操作者之间的协调控制，通过网络建立大范围内的机器人遥控系统，在有时延的情况下，建立预先显示进行遥控等。虚拟机器人技术是基于多传感器、多媒体和虚拟现实及临场感技术，实现机器人的虚拟遥控操作和人机交互。

6）智能装配机器人

智能装配机器人的一个目标是实现工作自主，因此要利用知识规划、专家系统等人工智能研究领域成果，开发出智能型自主移动装配机器人，使之能在各种装配工作站工作。

7）并联机器人

传统机器人采用连杆和关节串联结构，而并联机器人具有非累积定位误差，执行机构的分布得到改善，具有结构紧凑、刚性提高、承载能力增加等优点，而且其逆位置问题比较直接、奇异位置相对较少，所以近些年备受重视。

8）协作装配机器人

随着装配机器人应用领域的扩大，对装配机器人也提出一些新要求，如多机器人之间的协作、同一机器人双臂的协作，甚至人与机器人的协作，这对于重型或精密装配任务非常重要。

9）多智能体协调控制技术

这是目前机器人研究的一个崭新领域，主要对多智能体的群体体系结构、相互间的通信

与磋商机理、感知与学习方法、建模和规划、群体行为控制等方面进行研究。

2. 装配机器人的关键技术

装配机器人的关键技术主要集中在以下几方面。

1）装配机器人的精确定位

装配机器人运动系统的定位精度由机械系统静态精度、运动精度（几何误差、热和载荷变形误差）和机电系统高频响应的暂态特性（过渡过程）所决定，其中静态精度取决于设备的制造精度和机械运动形式。

2）装配机器人的实时控制

在许多计算机应用领域中，PC 机的速度和功能往往不能满足需要。特别是在多任务工作环境下，各任务只能分时工作，动态响应取决于外部跟踪信号、系统固有的开环动态特性、所采用的减振方法（阻尼）和控制器的调节作用。

3）检测传感技术

检测传感技术的关键是传感器技术，它主要用于检测机器人系统中自身与作业对象、作业环境的状态，向控制器提供信息以决定系统动作。传感器精度、灵敏度和可靠性很大程度决定了系统性能的好坏。检测传感技术包含两个方面内容：一是传感器本身的研究和应用，二是检测装置的研究与开发。这具体包括多维力觉传感器技术、视觉传感技术、多路传感器信息融合技术、检测传感装置的集成化与智能化技术。

4）装配机器人系统软件研制

PC 机是在 MS-DOS 或 Windows 操作系统下工作的。MS-DOS 是一个单任务操作系统，Windows 则是分时多任务，均不能满足机器人规划和伺服同时进行的要求。为此，必须开发能协调上、下位机各任务工作的实时控制程序，它作为 MS-DOS 或 Windows 下的一个应用程序分别在两个系统上运行。装配机器人系统的软件主要由机器人语言编译模块、多任务监控模块、双系统握手通信模块、伺服控制模块四部分构成。系统在启动后即初始化，建立双系统联系，根据 Semaphore 锁存器的值及双口 RAM 中的数据调度任务，对机器人进行初始定位后对机器人进行语言命令编译，分别由上、下位机同时执行。

5）装配机器人控制器的研制

装配机器人的伺服控制模块是整个系统的基础，它的特点是实现了机器人操作空间力和位置混合伺服控制，实现了高精度的位置控制、静态力控制，并且具有良好的动态力控制性能。伺服控制模块之上的局部自由控制模块相对独立于监督控制模块，它能完成精密的插圆孔、方孔等较为复杂的装配作业。监督控制模块是整个系统的核心和灵魂，它包括了系统作业的安全机制、人工干预机制和遥控机制。多任务控制器可广泛应用于工业装配机器人中作为其实时任务控制器而使用，也可用作移动机器人的实时任务控制器。

6）装配机器人的图形仿真技术

对于复杂的装配作业，示教编程方法效率往往不高，如果能直接把机器人控制器与 CAD 系统相连，则能利用数据库中与装配作业有关的信息对机器人进行离线编程，使机器人在结构环境下的编程具有很大的灵活性。此外，如果将机器人控制器与图形仿真系统相连，则可离线对机器人装配作业进行动画仿真，从而验证装配程序的正确性、可执行性及合理性，为机器人作业编程和调试带来直观的视觉效果，为用户提供灵活友好的操作界面，具有良好的人机交互性。

7）装配机器人柔顺手腕的研制

通用机器人均可用于装配操作，利用机器人固有的结构柔性，可以对装配操作中的运动误差进行修正。通过对影响机器人刚度的各种变量进行分析，并通过调整机器人本身的结构参数来获得期望的机器人末端刚度，以满足装配操作对机器人柔顺性的要求。但在装配机器人中采用柔性操作手爪则能更好地取得装配操作所需的柔顺性。由于装配操作对机器人精度、速度和柔顺性等性能要求较高，所以有必要设计专门用于装配作业的柔顺手腕。利用柔顺手腕是实际装配操作中使用最多的柔顺环节。

7.4　搬运机器人

搬运机器人是经历人工搬运、机械手搬运两个阶段发展而来的自动化搬运作业设备。搬运机器人的出现，不仅可提高产品的质量与产量，而且对保障人身安全、改善劳动环境、减轻劳动强度、提高劳动生产率、节约原材料消耗及降低生产成本有着十分重要的意义。机器人搬运物料将成为自动化生产制造的必备环节，搬运行业也因搬运机器人的出现而开启"新纪元"。

搬运机器人在实际应用中就是一个机械手。机械手的发展由于其积极作用正日益为人们所认识：其一，它能部分代替人工操作；其二，它能按照生产工艺的要求，遵循一定的程序、时间和位置来完成工件的传送和装卸；其三，它能操作必要的机具进行焊接和装配，从而大大改善了工人的劳动条件，显著提高了劳动生产率，加快实现了工业生产机械化和自动化的步伐，因而受到很多国家的重视。尤其是在高温、高压、粉尘、噪声以及带有放射性和污染的场合，应用搬运机器人更为广泛。

随着工业技术的发展，出现了能够独立地按程序控制实现重复操作、适用范围比较广的通用机械手。由于通用机械手能很快地改变工作程序，适应性较强，所以它在不断变换生产品种的中小批量生产中获得了广泛的应用。

搬运机器人就是用机械手把工件由某个地方移向指定的工作位置，或按照工作要求以操纵工件进行加工。搬运机器人一般分为三类。第一类是不需要人工操作的通用搬运机器人，它是一种独立的、不附属于某一主机的装置，可以根据任务需要编制程序，以完成各项规定的操作。它是除具备普通机械的物理性能之外，还具备通用机械、记忆智能的三元机械。第二类是需要人工操作的搬运机器人，称为操作机。它起源于原子、军事工业，先是通过操作机来完成特定的作业，后来发展到用无线电信号操作机器人来进行探测月球等。工业中采用的锻造操作机也属于这一范畴。第三类是专业搬运机器人，主要附属于自动机床或自动生产线上，用以解决机床上下料和工件传送。它是为主机服务的，由主机驱动。除少数外，工作程序一般是固定的，因此是专用的。

搬运机器人的主要特点如下：

① 动作稳定，提高了搬运准确性；

② 提高了生产率，免去了劳动者繁重的体力劳动，实现了无人或少人生产；

③ 改善了工人工作条件，摆脱有毒、有害环境；

④ 柔性高，适应性强，可实现多形状、不规则物料的搬运；

⑤ 定位准确，保证了批量一致性；

⑥ 降低了制造成本，提高了生产效益。

搬运机器人的结构形式和其他类型的机器人相似，只是在实际制造中逐渐演变出多种形式，以适应不同场合。从结构形式上看，搬运机器人可分为龙门式搬运机器人、悬臂式搬运机器人、侧臂式搬运机器人、摆臂式搬运机器人和关节式搬运机器人，如图 7-30 所示。其中，前四者为直角式（桁架式）机器人。

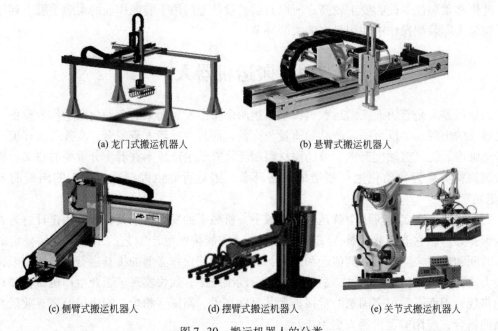

(a) 龙门式搬运机器人　　　　　　　　　(b) 悬臂式搬运机器人

(c) 侧臂式搬运机器人　　　　(d) 摆臂式搬运机器人　　　　(e) 关节式搬运机器人

图 7-30　搬运机器人的分类

1. 龙门式搬运机器人

龙门式搬运机器人的坐标系主要由 X 轴、Y 轴和 Z 轴组成，如图 7-31 所示。其多采用模块化结构，可依据负载位置、大小等选择对应的直线运动单元及组合结构形式（如在移动轴上添加旋转轴便可成为四轴或五轴搬运机器人）。龙门式搬运机器人的结构形式决定了其负载能力，可实现大物料、重吨位搬运，采用直角坐标系，编程方便快捷，因此广泛应用于生产线转运及机床上下料等大批量生产过程中。

2. 悬臂式搬运机器人

悬臂式搬运机器人的坐标系主要由 X 轴、Y 轴和 Z 轴组成，如图 7-32 所示。它可随不同的应用采取相应的结构形式（如在 Z 轴的下端添加旋转轴或摆动轴就可以延伸成为四轴或五轴搬运机器人）。此类机器人的多数结构为 Z 轴随 Y 轴移动；有时针对特定的场合，Y 轴也可以在 Z 轴下方，以便于进入设备内部进行搬运作业。悬臂式搬运机器人广泛应用于卧式机床、立式机床及特定机床内部和冲压机热处理机床的自动上下料。

3. 侧臂式搬运机器人

侧臂式搬运机器人的坐标系主要由 X 轴、Y 轴和 Z 轴组成，如图 7-33 所示。它可随不同的应用采取相应的结构形式（如在 Z 轴的下端添加旋转轴或摆动轴就可以延伸成为 4 轴或 5 轴搬运机器人）。侧臂式搬运机器人专用性强，主要应用于立体仓库，如档案自动存取、全自动银行保管箱存取系统等。

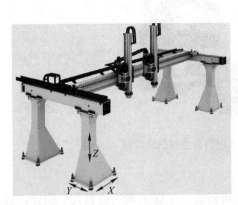

图 7-31 龙门式搬运机器人

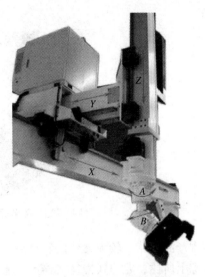

图 7-32 悬臂式搬运机器人

4. 摆臂式搬运机器人

摆臂式搬运机器人的坐标系主要由 X 轴、Y 轴和 Z 轴组成,如图 7-34 所示。Z 轴主要做升降运动,也称为主轴;Y 轴的移动主要通过外加滑轨实现;X 轴末端连接控制器,其绕 X 轴转动,由此实现四轴联动。此类机器人具有较高的强度和稳定性,广泛应用于国内外各生产厂家,是关节式搬运机器人的理想替代品,但其负载相对于关节式搬运机器人要小。

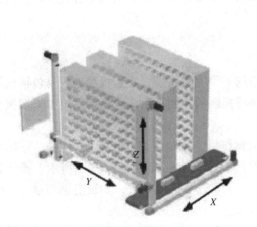

图 7-33 侧臂式搬运机器人

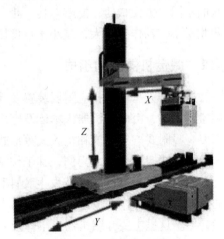

图 7-34 摆臂式搬运机器人

5. 关节式搬运机器人

关节式搬运机器人是当今工业生产中常见的机器人,共有 5~6 个轴,行为动作类似人的手臂,具有结构紧凑、占地空间小、相对工作空间大、自由度高等特点,几乎适合于任何轨迹或角度的工作,如图 7-35 所示。

采用标准的关节式搬运机器人配合供料装置,就可以组成一个自动化加工单元。一个关节式搬运机器人可以服务于多种类型的加工设备的上下料,从而节省自动化的成本。由于采用关节式搬运机器人单元,自动化单元的设计制造周期短、柔性大,产品转型方便,甚至可

图 7-35　关节式搬运机器人进行钣金件搬运作业

以实现产品形状上较大变化的转型要求。

综上所述，龙门式搬运机器人、悬臂式搬运机器人、侧臂式搬运机器人、摆臂式搬运机器人均在直角坐标系下作业，适应范围相对较窄，针对性较强，适合定制专用机来满足特定需求。其工作的行为方式主要是完成沿着 X 轴、Y 轴、Z 轴上的线性运动，所以不能满足对放置位置、相位等有特别要求的上下料作业需要。同时，如果采用直角式（桁架式）机器人上下料，对厂房高度有一定的要求且机床设备需按"一"字形并列排序。

直角式（桁架式）搬运机器人和关节式搬运机器人在实际应用中都有如下特征：能够实时调节动作节拍、移动速率、末端执行器的动作状态；可更换不同末端执行器以适应物料形状的不同，方便快捷；能够与传送带、移动滑轨等辅助设备集成，实现柔性化生产；占地面积相对小，动作空间大，减小了厂源限制。

7.4.1　搬运机器人的组成

搬运机器人是包括相应附属装置及周边设备的一个完整系统。搬运机器人主要包括机器人和搬运系统，由搬运机器人本体及完成搬运路线控制的控制柜组成，搬运系统中末端执行器主要有吸附式、夹钳式和仿人式等形式。

以关节式搬运机器人为例，其工作站主要由操作机、控制系统（包括控制柜）、搬运系统（包括气体发生装置、真空发生装置和末端执行器等）等组成，如图 7-36 所示。操作者可通过示教器和操作面板进行搬运机器人运动位置和动作程序的示教，如设定运动速度、搬运参数等。这里主要介绍机器人本体及末端执行器。

关节式搬运机器人常见的本体一般为四轴、五轴和六轴，如图 7-37 所示。搬运机器人本体在结构设计上与其他关节式工业机器人本体类似，在负载较轻时两者的本体可以互换；但负载较重时搬运机器人本体通常会有附加连杆，其依附于轴形成平行四连杆机构，以起到支承整体和稳固末端的作用，且不因臂展伸缩而产生变化。

六轴关节式搬运机器人本体部分具有回转、抬臂、前伸、手腕旋转、手腕弯曲和手腕扭转 6 个独立的旋转关节，多数情况下五轴关节式搬运机器人略去手腕旋转这一个关节，四轴关节式搬运机器人则是略去了手腕旋转和手腕弯曲这两个关节运动。

搬运机器人本体如图 7-38 所示。

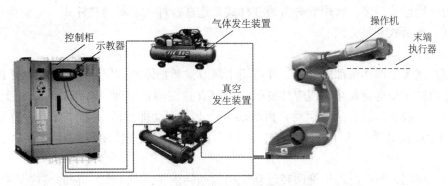

图 7-36　搬运机器人的系统组成

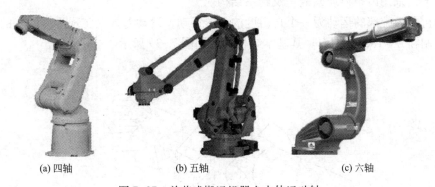

(a) 四轴　　　　　　　　(b) 五轴　　　　　　　　(c) 六轴

图 7-37　关节式搬运机器人本体运动轴

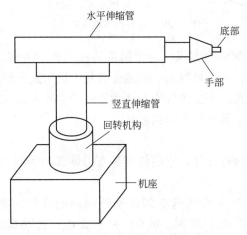

图 7-38　搬运机器人本体构成

1. 执行机构

1) 手部

手部是直接与工件接触的部分，一般是回转型或平动型（多为回转型，因其结构简单）。手部多为两指（也有多指），根据需要分为外抓式和内抓式两种，也可以用负压式或真空式的空气吸盘（主要用于可吸附的，光滑表面的零件或薄板零件）和电磁吸盘。

传力机构形式较多，常用的有滑槽杠杆式、连杆杠杆式、斜楔杠杆式、齿轮齿条式、丝杠螺母式、弹簧式和重力式。

2）腕部

腕部是连接手部和臂部的部件，并可用来调节被抓物体的方位，以扩大机械手的动作范围，并使机械手变得更灵巧，适应性更强。手腕有独立的自由度，有回转运动、上下摆动、左右摆动。一般腕部设有回转运动，再增加一个上下摆动即可满足工作要求。有些动作较为简单的专用机械手，为了简化结构，可以不设腕部，而直接用臂部运动驱动手部搬运工件。

目前，应用最为广泛的手腕回转运动机构为回转液压（气）缸。它的结构紧凑、灵巧，但回转角度小，并且要求严格密封，否则就难保证稳定的输出扭矩。因此，在要求较大回转角的情况下，采用齿条传动或链轮及轮系结构。

搬运机器人腕部的运动为一个自由度的回转运动，运动参数是实现手部回转的角度，该角度应控制在 0~180° 范围内。其基本结构形式如图 7-39 所示。

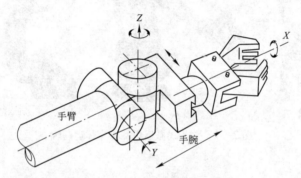

图 7-39 腕部基本结构示意图

腕部的驱动采用直接驱动的方式。由于腕部装在臂部的末端，所以必须设计得十分紧凑，可以把驱动源装在手腕上。机器人手部的张合是由液压缸驱动的，而手腕的回转运动则由回转液压缸实现。将夹紧活塞缸的外壳与摆动油缸的动片连接在一起，当回转液压缸中不同油腔中进油时即可实现手腕不同方向的回转。

3）臂部

臂部是机械手的重要握持部件。它的作用是支撑腕部和手部（包括工作或夹持），并带动它们做空间运动。

臂部运动的目的，是把手部送到空间运动范围内的任意一点。如果改变手部的姿态（方位），则用腕部的自由度加以实现。因此，一般来说，臂部具有三个自由度才能满足基本要求，即手臂的伸缩、左右旋转、升降（或俯仰）运动。

手臂的各种运动通常用驱动机构（如液压缸或者气缸）和各种传动机构来实现。从臂部的受力情况分析，它在工作中既承受腕部、手部和工件的静动载荷，而且自身运动较多，受力复杂，因此它的结构、工作范围、灵活性以及抓重大小和定位精度直接影响机械手的工作性能。机器人手臂的伸缩使其手臂的工作长度发生变化。在圆柱坐标式结构中，手臂的最大工作长度决定其末端所能达到的圆柱表面直径。伸缩式臂部机构的驱动可采用液压缸直接驱动。

　　4）机座

　　机座是机器人的基础部分,起支撑作用。固定式机器人,其机座直接连接在地面上;可移动式机器人,机座则安装在移动结构上。机身由臂部运动(升降、平移、回转和俯仰)机构及其相关的导向装置、支撑件等组成。臂部的升降、回转或俯仰等运动的驱动装置或传动件都安装在机身上。臂部的运动越多,机身的结构和受力越复杂。

　　2. 驱动机构

　　驱动机构是搬运机器人的重要组成部分。根据动力源的不同,工业机械手的驱动机构大致可分为液压、气动、电动和机械驱动等四类。

　　其中,液压驱动压力高,可获得大的输出力,反应灵敏,可实现连续轨迹控制,维修方便,但液压元件成本高,油路比较复杂。气动驱动压力低,输出力较小。如需输出力大时,其结构尺寸过大,阻尼效果差,低速不易控制,但结构简单,能源方便,成本低。电动驱动以异步电机、步进电机为动力源。电机使用简单,且随着材料性能的提高,电动机性能也逐渐提高。

　　3. 控制机构

　　在机械手的控制上,有点动控制和连续控制两种方式。大多数用插销板进行点位控制,也有采用可编程序控制器控制、微型计算机控制,采用凸轮、磁盘磁带、穿孔卡等记录程序。主要控制的是坐标位置,并注意其加速度特性。

7.4.2　手部夹持器

　　搬运机器人的末端执行器是夹持工件移动的一种夹具。过去末端执行器只能抓取一种或者一类形状、大小、重量上相似的工件,具有一定的局限性。随着科学技术的不断发展,末端执行器也在一定范围内具有可调性,可配置感知器,以确保其具有足够的夹持力和夹持精度。

　　机器人的手部是机器人最重要的部件之一。从其功能和形态上看,机器人的手部分为工业机器人的手部和类人机器人的手部。前者应用较多,也较成熟;后者正在发展中。

　　工业机器人的手部夹持器(也称抓取机构、末端执行器)是用来握持工件或工具的部件,由于被握持工件的形状、尺寸、重量、材料及表面状态的不同,其手部结构也是多种多样的,大部分的手部结构都是根据特定的工件要求而专门设计的。按握持原理的不同,常用的手部夹持器分为如下三类。

　　1. 吸附式

　　1）气吸附

　　气吸附主要是利用吸盘内压力和大气压之间压力差进行工作。依据压力差分为真空吸盘吸附、气流负压气吸附、挤压排气负压气吸附等。

　　真空吸盘吸附如图 7-40(a)所示。通过连接真空发生装置和气体发生装置实现抓取和释放工件。工作时,真空发生装置将吸盘与工件之间的空气吸走使其达到真空状态,此时,吸盘内的大气压小于吸盘外大气压,工件在外部压力的作用下被抓取。

　　气流负压气吸附如图 7-40(b)所示。利用流体力学原理,通过压缩空气(高压)高速流动带走吸盘内气体(低压)使吸盘内形成负压;同样,利用吸盘内外压力差完成取件动作,切断压缩空气随即消除吸盘内负压,完成释放工件动作。

挤压排气负压气吸附如图 7-40（c）所示。利用吸盘变形和拉杆移动改变吸盘内外部压力，完成工件吸取和释放动作。

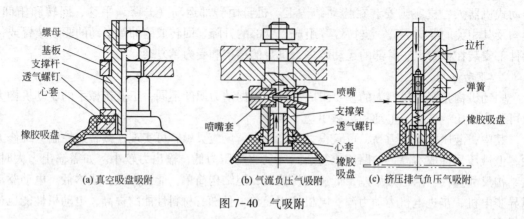

图 7-40　气吸附

2）磁吸附

磁吸附主要是利用磁力进行吸取工件。常见的磁力吸盘分为永磁吸盘、电磁吸盘、电永磁吸盘等。

永磁吸附如图 7-41 所示。利用磁力线通路的连续性及磁场叠加性而工作。永磁吸盘的磁路为多个磁系，通过磁系之间的相互运动来控制工作磁极面上磁场强度的强弱进而实现工件的吸附和释放动作。

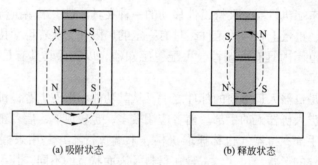

图 7-41　永磁吸附

电磁吸附如图 7-42 所示。利用内部激磁线圈通直流电后产生磁力，而吸附导磁性工件。

电永磁吸附是利用永磁铁产生磁力，利用激磁线圈对吸力大小进行控制，起到"开、关"作用。

磁吸附只能吸附对磁产生感应的物体，故对于要求不能有剩磁的工件无法使用，且磁力受高温影响较大，故在高温下工作也不能选择磁吸附，所以在使用过程中有一定局限性。磁吸附常适合要求抓取精度不高且在常温下工作的工件。

2. 夹钳式

夹钳式末端执行器通常用手爪拾取工件。手爪与人手相似，是现代工业机器人广泛应用的一种形式，通过手爪的启闭实现对工件的夹取。夹钳式末端执行器一般由手爪、驱动机构、传动机构、连接元件和支承元件组成，多用于负载重、高温、表面质量不高等吸附式末

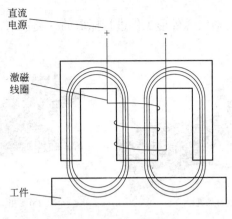

图 7-42 电磁吸附

端执行器无法进行工作的场合。

手爪是直接与工件接触的部件，其形状直接影响抓取工件的效果，但在多数情况下只需两个手爪配合就可完成一般工件的夹取，而复杂工件可以选择三爪或者多爪进行抓取。常见的夹钳手爪按前端形状分为 V 形爪、平面形爪、尖形爪等。

1）V 形爪

V 形爪如图 7-43（a）所示。V 形爪常用于圆柱形工件，其夹持稳固可靠，误差相对较小。

(a) V 形爪　　　　　(b) 平面形爪　　　　　(c) 尖形爪

图 7-43 夹钳式手爪

2）平面形爪

平面形爪如图 7-43（b）所示。平面形爪多用于夹持方形工件（至少有两个平行面，如方形包装盒等）、厚板或者短小棒料。

3）尖形爪

尖形爪如图 7-43（c）所示。尖形爪常用于夹持复杂场合的小型工件，避免与周围障碍物相碰撞，也可夹持炽热工件，避免搬运机器人本体受到热损伤。

此外，根据被抓取工件的形状、大小及抓取部位的不同，爪面形式常有平滑爪面和柔性爪面等。

平滑爪面的爪面光滑平整，多用来夹持已加工好的工件表面，保证加工表面无损伤。爪面刻有齿纹，主要目的是增加爪面与夹持工件的摩擦力，以确保夹持稳固可靠，常用于夹持表面粗糙的毛坯或半成品工件。柔性爪面内镶有橡胶、泡沫、石棉等物质，起到增加摩擦、保护已加工工件表面、隔热等作用，多用于夹持已加工工件、炽热工件、脆性或薄壁工件等。

3. 仿人式

仿人式末端执行器是针对特殊外形工件进行抓取的一类手爪，主要包括柔性手和多指灵巧手，如图 7-44 所示。

(a) 柔性手　　　　　　　　　　　　　　(b) 多指灵巧手

图 7-44　仿人式末端执行器

1）柔性手

柔性手的抓取采用多关节柔性手腕，每个手指由多个关节链组成。工作时通过一根牵引线收紧另一根牵引线放松实现抓取，其抓取不规则、圆形等轻便工件，如图 7-44（a）所示。

2）多指灵巧手

多指灵巧手包括多根手指，每根手指都包含 3 个回转自由度且为独立控制，实现精确操作，广泛应用于核工业、航天工业等高精度作业，如图 7-44（b）所示。

4. 末端执行器的特点

搬运机器人夹钳式手爪和仿人式手爪一般都需要由单独外力进行驱动，即需要连接相应的外部信号控制装置及传感系统，以控制搬运机器人手爪实时的动作状态及力的大小。其手爪驱动方式多为气动、电动和液压驱动：轻型和中型的零件采用气动的手爪；重型零件采用液压驱动手爪，精度要求高或复杂的场合采用电动伺服手爪。驱动装置将产生的力或转矩通过传动装置传递给末端执行器（手爪），以实现抓取与释放动作。

搬运机器人手部夹持器的特点如下。

（1）搬运机器人手部夹持器需要满足机器人作业要求。一个新的手部夹持器的出现，就可以增加机器人一种新的应用场所。因此，根据作业的需要和人们的想象力而创造的新的机器人手部夹持器，将不断扩大机器人的应用领域。

（2）机器人手部夹持器的重量、被抓取物体的重量及操作力的总和较大，机器人容许的负荷力较大。因此，要求机器人手部夹持器体积小、重量轻、结构紧凑。

（3）机器人手部夹持器的万能性与专用性是矛盾的。

万能手部夹持器在结构上很复杂，甚至很难实现。例如，仿人的万能机器人灵巧手至今尚未实用化。目前，能用于生产的还是那些结构简单、万能性不强的机器人手部夹持器。从工业实际应用出发，应着重开发各种专用的、高效率的机器人手部夹持器，加之以手部夹持器的快速更换装置，以实现机器人多种作业功能；而不主张用一个万能的手部夹持器去完成多种作业，因为这种万能的手部夹持器结构复杂且造价昂贵。

（4）通用性和万能性是两个概念。万能性是指一机多能，而通用性是指有限的手部夹持器，可适用于不同的机器人，这就要求手部夹持器要有标准的机械接口（如法兰），使手部夹持器实现标准化和积木化。

（5）机器人手部夹持器要便于安装和维修，易于实现计算机控制。用计算机控制最方便的是电气式执行机构。因此，工业机器人执行机构的主流是电气式，其次是液压式和气压式（在驱动接口中需要增加电-液或电-气变换环节）。

7.4.3　腕部结构

搬运机器人的腕部设计特点如下。

1. 力求结构紧凑、重量轻

腕部处于手臂的最前端，手部的静、动载荷均由臂部承担。显然，腕部的结构、重量和动力载荷，直接影响着臂部的结构、重量和运转性能。因此，在腕部设计时，必须力求结构紧凑，重量轻。

2. 考虑结构，合理布局

腕部作为搬运机器人的执行机构，又承担连接和支撑作用，除保证力和运动的要求，要有足够的强度、刚度外，还应综合考虑，合理布局，解决好腕部与臂部、腕部与手部的连接。

3. 考虑工作条件

搬运机器人是在工作场合中搬运一定质量的物体，因此考虑是否受环境影响，比如是否处在高温和腐蚀性的工作介质中。

7.4.4　臂部结构

搬运机器人臂部设计特点如下。

1. 臂部应承载能力大、刚度好、自重轻

机械手臂部或机身的承载能力，通常取决于其刚度。以臂部为例，一般较多地采用悬臂梁形式（水平或垂直悬伸）。显然，伸缩臂杆的悬伸长度越大，则刚度越差；而且刚度随着臂杆的伸缩不断变化，对机械手的运动性能、位置精度和负荷能力影响很大。为提高刚度，除尽可能缩短臂杆的悬伸长度外，还应注意以下几方面：

① 根据受力情况，合理选择截面形状和轮廓尺寸；

② 提高支撑刚度和合理选择支撑点的距离；

③ 合理布置作用力的位置和方向；

④ 简化结构；

⑤ 提高配合精度。

2. 臂部运动速度要大，惯性要小

在速度和回转角速度一定的情况下，减小自身重量是减小惯性的最有效、最直接的办法，因此机械手臂部要尽量轻些。减少惯量具体有以下 4 个途径：

① 减轻手臂运动件的重量，采用铝合金材料；

② 减小臂部运动件的轮廓尺寸；

③ 减小回转半径，在安排机械手动作顺序时，先伸缩后回转（或先回转后伸缩），尽可能在较小的前伸位置下进行回转动作；

④ 在驱动系统中设缓冲装置。

3. 手臂动作应该灵活

为减小手臂运动结构之间的摩擦阻力，尽可能用滚动摩擦代替滑动摩擦。对于悬臂式的机械手来说，其传动件、导向件和定位件应布置合理，使手臂运动尽可能平衡，以减少对升降支撑轴线的偏心力矩，特别要防止发生机构卡死（自锁）现象。

4. 位置精度要求高

一般来说，直角坐标式机械手和圆柱坐标式机械手位置精度要求较高；关节式机械手的位置精度最难控制，故精度差；在手臂上加设定位装置和检测结构，能较好地控制位置精度。检测装置最好装在最后的运动环节，以减少或消除传动、啮合件间的间隙。

5. 其他特点

除以上特点之外，要求机械手的通用性要好，能适合多种作业的要求；工艺性要好，便于加工和安装；用于热加工的机械手，还要考虑隔热、冷却；用于作业区粉尘大的机械手还要设置防尘装置等。以上要求是相互制约的，应该综合考虑这些问题，只有这样，才能设计出完美的、性能良好的机械手。

7.4.5　手臂的运动机构

手臂的典型运动形式有：直线运动，如手臂的伸缩、升降和横向移动；回转运动，如手臂的左右摆动、上下摆动；复合运动，如直线运动和回转运动的组合。

常见的手臂运动机构有以下几种。

（1）双导杆手臂运动机构。

（2）双活塞杆液压缸机构。

（3）活塞杆和齿轮齿条机构。

7.4.6　机身结构

机身是直接支撑和驱动手臂的部件。要实现手臂的回转和升降运动，这些运动的传动机构都安在机身上，或者直接构成机身的躯干与机座相连。因此，臂部的运动越多，机身的机构和受力情况就越复杂。机身是可以固定的；也可以是行走的，可以沿地面或架空轨道运动。

机身承载着手臂，使之做回转、升降运动，是机械手的重要组成部分。常用的机身结构有以下几种。

（1）回转缸置于升降之下的结构。这种结构的优点是能承受较大的偏心力矩。其缺点是回转运动传动路线长，花键轴的变形对回转精度的影响较大。

（2）回转缸置于升降之上的结构。这种结构采用单缸活塞杆，内部导向，结构紧凑。但回转缸与臂部一起升降，运动部件较大。

（3）活塞缸和齿条齿轮机构。手臂的回转运动是通过齿条齿轮机构来实现的，其中齿条的往复运动带动与手臂连接的齿轮做往复回转，从而使手臂左右摆动。

7.4.7　搬运机器人技术的新发展

近年来，随着我国人口优势的逐渐消失，企业用工成本不断上涨，各种工业机器人获得了广泛的应用。焊接机器人、装配机器人、切割机器人、分拣机器人、搬运机器人等的出现，不仅通过"机器换人"解放了生产力，更推动了产业发展，使一些产业由劳动密集型向技术密集型的转变，促进了行业从传统模式向现代化、智能化的升级。

在众多的工业机器人中，搬运机器人无疑是应用率最高的机器人之一，不管是在工业制造、仓储物流、烟草、医药、食品、化工等行业领域，还是在邮局、图书馆、港口码头、机场、停车场等场景，都能见到搬运机器人的身影。如今搬运机器人已经占据了工业机器人产业发展的主导，显示出迅猛而强劲的发展活力，未来还将迎来更为广阔的发展前景。

近年来，不管是智能仓储、智慧物流概念的提出，还是 AGV 机器人的大热，都表现出搬运机器人从传统半自动或自动化向无人化、智能化方向的发展；同时，电商等需求市场的不断兴起和发展，对生产和服务效率提出了更高的要求，也推动了搬运机器人向高速化的发展；而随着多品种、小批量商品市场的不断壮大以及中小型用户的急剧增加，多功能通用智能搬运机器人的发展速度也越来越快。

1. 机器人系统

1）操作机

操作机的发展趋势要求有紧凑的手腕结构、狭小的后部干涉区域、可高密度布置机构等特点，压机上下料机器人能够解决坯件大、重、距离长等压机上下料的难题。

2）控制器

控制器能够实现同时对几台机器人和几个外部轴的协同控制，可实现散堆工件搬运，大幅度提高 CPU 的处理能力，增加新的软件功能，实现机器人的智能化与网络化。控制器具有高速动作性能、内置视觉功能、散堆工件取出功能、故障诊断功能等优点。

3）示教器

示教器与机器人控制单元之间采用"配对-解配对"安全连接程序，多个控制器可由一个示教器控制。要求与其他 Wi-Fi 资源实现数据传送与接收，有效范围尽量远，且各系统间无干扰。

2. 传感技术

传感技术运用到搬运机器人中，拓宽了搬运机器人的应用范围，提高了生产效率，保证了产品质量的稳定性和可追溯性。

搬运机器人传感系统的流程是：视觉系统采集被测目标的相关数据，控制柜内置相应系统进行图像处理和数据分析，并转换成相应数据量传给搬运机器人，机器人以接收到的数据为依据，进行相应作业。

3. AGV 搬运车

AGV（automated guided vehicle）搬运车是一种无人搬运车，指装备了电磁或光学等自动导引装置，能够沿规定的导引路径行驶，具有安全保护及各种移载功能。通常 AGV 搬运车可分为列车型、平板车型、带移载装置型、货叉型及带升降工作台型。

列车型 AGV 是最早开发的产品。由牵引车和拖车组成，一辆牵引车可牵引若干节拖车，适合成批量小件物品长距离运输，在仓库离生产车间较远时运用广泛。

平板车型 AGV 需要人工卸载。载重量 500 kg 以下的轻型车主要用于小件物品搬运，适用于电子行业、家电行业、食品行业等场所。

带移载装置型 AGV 安装输送带或辊子输送机等类型的移载装置。它通常和地面板式输送机或辊子机配合使用，以实现无人化自动搬运作业。

货叉型 AGV 类似于人工驾驶的叉车起重机，本身具有自动装卸载能力，主要用于物料自动搬运作业以及在组装线上做组装移动工作台使用。

带升降工作台型 AGV 主要应用于机器制造业和汽车制造业的组装作业，因车带有升降工作台，可使操作者在最佳高度下作业，提高工作质量和效率。

7.5　喷涂机器人

7.5.1　喷涂机器人的特点

喷涂机器人又叫喷漆机器人，是指可进行自动喷漆或喷涂其他涂料的工业机器人。喷漆机器人多采用六自由度关节式结构，手臂有较大的运动空间，并可做复杂的轨迹运动；其腕部一般有三个自由度，可灵活运动。较先进的喷涂机器人腕部采用柔性手腕，既可向各个方向弯曲，又可转动，其动作类似人的手腕，能方便地通过较小的孔伸入工件内部，喷涂其内表面。

喷涂机器人一般采用液压驱动，具有动作速度快、防爆性能好等特点，可通过手把手示教或点位示数来实现示教。喷涂机器人广泛用于汽车、仪表、电器、搪瓷等工艺生产部门。

由于喷涂工序中雾状漆料对人体有危害，喷涂环境中照明、通风等条件很差，而且不易从根本上改进，因此在这个领域中大量地使用了机器人。使用喷涂机器人不仅可以改善劳动条件，而且还可以提高产品的产量和质量，降低成本。

1. 喷涂机器人在使用环境和动作要求上的特点

喷涂机器人作为一种典型的喷涂自动化装备，与传统的机械喷涂相比，具有以下优点。

（1）最大程度地提高涂料的利用率，降低喷涂过程中 VOC（有害挥发性有机物）排放量。

（2）显著地提高喷枪的运动速度，效率显著高于传统的机械涂装。

（3）柔性强，能够适应于多品种、小批量的喷涂任务。

（4）能够精确保证喷涂工艺的一致性，获得较高质量的喷涂产品。

（5）与传统喷涂相比，可以减少 30%～40% 的喷枪数量，降低系统故障概率和维护成本。

（6）工作环境包含易爆的喷涂剂蒸气。

（7）沿轨迹高速运动，途经各点均为作业点。

（8）多数的被喷涂件都搭载在传送带上，边移动边喷涂。

2. 对喷涂机器人的要求

（1）机器人的运动链要有足够的灵活性，以适应喷枪对工件表面的不同姿态要求。

（2）速度要均匀，特别是在轨迹拐角处误差要小，以避免喷涂层不均匀。

（3）控制方式通常多以手把手示教方式为主，因此要求在其整个工作空间内示教时省力，要考虑重力平衡问题。

（4）可能需要轨迹跟踪装置。

（5）一般均用连续轨迹控制方式。

（6）要有防爆要求。

7.5.2　喷涂机器人的分类与组成

按照手腕构型划分，喷涂机器人有球型手腕喷涂机器人和非球型手腕喷涂机器人；按照驱动方式，喷涂机器人有液压喷涂机器和电动喷涂机器人两类。采用液压驱动方式，主要是从充满可燃性溶剂蒸气环境的安全着想，要求机器人在可能发生强烈爆炸的危险环境中也能安全工作。

典型的喷涂机器人工作站主要由喷涂机器人、机器人控制系统（如控制柜、示教器等）、供漆系统、自动喷枪/旋杯、防爆吹扫系统等组成。如图 7-45 所示。

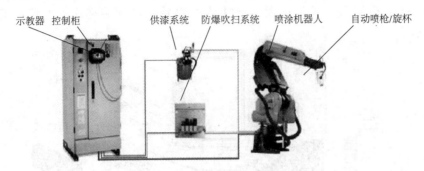

图 7-45　喷涂机器人系统组成

喷涂机器人与普通工业机器人相比，操作机在结构方面的差别除球型手腕与非球型手腕外，主要是防爆装置、油漆及空气管路和喷枪的布置导致的差异。其特点是：一般手臂工作范围宽大，进行喷涂作业时可以灵活避障；手腕一般有 2～3 个自由度，轻巧快速，适合内部、狭窄的空间及复杂工件的喷涂；较先进的喷涂机器人采用中空手臂和柔性中空手腕；一般在水平手臂搭载喷漆工艺系统，从而缩短清洗、换色时间，提高生产效率，节约涂料及清洗液。

喷涂机器人控制系统主要完成本体和喷涂工艺控制。本体的控制在控制原理、功能及组成上与通用工业机器人基本相同；喷涂工艺的控制则是对供漆系统的控制。

供漆系统主要由涂料单元控制盘、气源、流量调节器、齿轮泵、涂料混合器、换色阀、供漆供气管路及监控管线组成。喷涂系统主要部件如图 7-46 所示。

(a) 流量调节器　　　(b) 齿轮泵　　　(c) 涂料混合器　　　(d) 换色阀

图 7-46　喷涂系统主要部件

喷涂工艺包括空气喷涂、高压无气涂装和静电喷涂。静电喷涂中的旋杯式静电喷涂工艺具有高质量、高效率、节能环保等优点。

所谓空气喷涂，是指压缩空气的气流流过喷枪喷嘴孔形成负压，在负压的作用下涂料从吸管吸入，经过喷嘴喷出，通过压缩空气对涂料进行吹散，达到均匀雾化的效果。空气喷涂一般用于家具、3C 产品外壳、汽车等产品的喷涂。

高压无气喷涂是一较先进的喷涂方法。其采用增压泵将涂料增至 6～30 MPa 的高压，通过很细的喷孔喷出，使涂料形成扇形雾状，具有较高的涂料传递效率和生产效率，表面质量明显优于空气喷涂。

静电喷涂一般是以接地的被涂物为阳极，接电源负高压的涂料雾化结构为阴极，使得涂料雾化颗粒上带电荷，通过静电作用吸附在工件表面。静电喷涂常应用于金属表面或导电性良好且结构复杂，或是球面、圆柱体的喷涂。高速旋杯式静电喷枪工作原理如图 7-47所示。

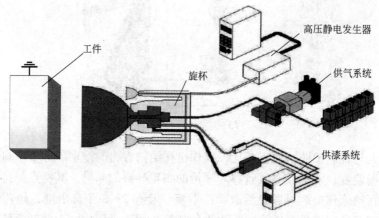

图 7-47　高速旋杯式静电喷枪工作原理示意图

防爆吹扫系统主要由危险区域之外的吹扫单元、操作机内部的吹扫传感器、控制柜内的吹扫控制单元（控制柜内）三部分组成。

防爆吹扫系统工作原理如图 7-48 所示，吹扫单元通过柔性软管向含有电气元件的操作机内部施加过压，阻止爆燃性气体进入操作机里面；同时由吹扫控制单元监视操作机内压、喷房气压，当异常状况发生时立即切断操作机伺服电源。

喷涂机器人的结构一般为六轴多关节型。它由机器人本体、控制装置和液压系统组成，具体结构如图 7-49 所示。手部采用柔性腕结构，可绕臂中心轴沿任意方向弯曲，而且在任意弯曲状态下可绕腕中心轴扭转。由于腕部不存在奇位形，所以能喷涂形态复杂的工件并具有很高的生产率。

1. 机器人主体

机器人主体即机座、臂部、腕部和终端执行机构，是一个带有旋转连接和伺服电机的六轴联动的一系列的机械连接。大多数喷涂机器人有 6 个运动自由度，对于带轨道式机器人来说，把机器人本体在轨道上的水平移动设置为扩展轴，称为第 7 轴。其中，腕部通常有 1～3 个运动自由度。

驱动系统包括动力装置和传动机构，用以使执行机构产生相应的动作，即每个轴的运动由安装在机器人手臂内的伺服电机驱动传动机构来控制。执行机构为静电喷涂雾化器，不同

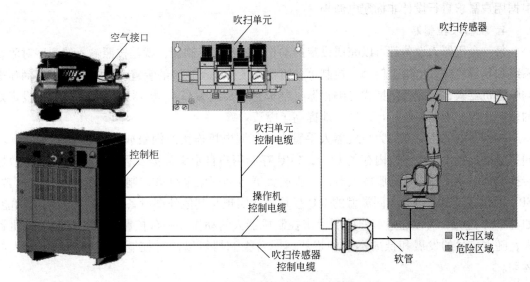

图 7-48　防爆吹扫系统工作原理

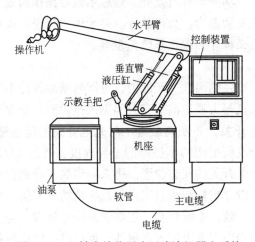

图 7-49　六轴多关节型液压喷涂机器人系统

品牌、不同型号的机器人手臂末端的接口不同，根据生产工艺可选择不同的雾化器。

采用溶剂型油漆喷涂的系统，必须配备废油漆、废溶剂清洗回收装置，避免环境污染，达到环保生产的目的。

2. 系统操作控制台

系统操作控制台的主要功能是集成整个喷房硬件，实现系统自动化功能，包含系统所有与管理喷涂机器人活动相关的硬件及整合到每个喷房的相关硬件。软件的人机界面上显示了整个区域内机器人系统的实时状态和用户操作菜单，可查寻相关的生产信息、报警等。大部分的设备操作都可通过操作按钮或选择开关及人机交互界面上的菜单完成。

3. 电源分配柜

电源分配柜，顾名思义，就是分配电源。引入工厂总电源，根据机器人系统单元及外围设备所需的不同电源值，分配相应电压、电流值的电源。可以选择标准通用的配电柜，也可根据用户需求自行设计非标配电源柜。

4. 机器人控制器

每一台机器人设备都可以完成设定的动作。机器人控制器，就是按照输入的程序对驱动系统和执行机构发出指令信号，控制单台机器人设备运动轨迹的装置。现在专用于车辆喷漆的喷涂机器人，还配备便携式可编程器（能够进行离线编程），机器人可以按照预先设定好的轨迹程序和工艺参数运行，极大地提高了喷漆效率。

控制器内的主要部件为与机器人手臂内的伺服电机连接的伺服放大器及 CPU 模块。不同型号的机器人配备不同内存的 CPU，CPU 存储用户自定义数据及程序。CPU 将程序数据转换成伺服驱动信号给伺服放大器，伺服放大器启动伺服电机来控制机器人的运动。通常，CPU 模块还具备通过与不同类型的 I/O 模块连接实现与其他外部设备或机器人通信的功能。如与 PLC 连接，可以通过操作控制台来控制机器人的动作。一台控制器独立控制一台机器人；随着技术的发展和低成本化的进程，一台控制器可以同时控制两台或多台机器人的运动。

机器人示教器通过单根电缆与机器人控制器内的 CPU 连接，不同品牌机器人的示教器内安装了不同的应用软件，功能也有所差异。通过示教器操作面板上的按键来操作软件界面上的菜单，可以实现的主要功能为：直接编程，显示用户程序，操作机器人运动，预定义机器人位置，优化用户自定义程序和编辑系统变量等。

5. 车型检测系统

自动喷涂机器人具有很强的柔性生产能力，可同时喷涂各种不同形状的车身。出于保护系统的原因，在车身进入机器人喷房前对车身类型进行检测是非常必要的。一般采取在擦净功能区前安装若干对光电开关，并在离最近一对光电开关的输送链基架上安装一个接近开关。根据不同的生产现场及所生产的车型间的差异程度，通过 PLC 程序来设置不同的位置为检测位置，并调整好光电开关的安装位置。进入喷房的车身到达检测位置时，不同车型会触发不同组合的电子眼，以此来检测来自工厂信息系统的车型信息与车型检测系统所检测到的车型是否一致：如果不一致，系统将会产生报警并停止运行，需由操作员进行人工确认车型并在系统操作控制台的相应界面上输入正确的车型信息，PLC 再将正确的车型信息分别发送到各个机器人控制器内的 CPU 模块，CPU 将车型信息转化为各种指令，机器人根据此指令来执行不同的程序，达到机器人根据不同的车型执行相应不同的喷涂轨迹的目的。

6. 车身直线跟踪系统

运用于整车自动喷涂线的机器人，为了提高生产效率，在喷涂作业过程中车身一直跟随输送链按照设定速度前进，而不会脱离输送链固定在某处供机器人喷涂作业。因此，每一台机器人都必须知道工作范围内每一台车身的实时位置信息。直线跟踪系统的硬件主要包括脉冲编码器、检测开关和编码器转发器。根据需要选择不同的检测开关，可以是触点开关或光学开关，也可以是接近开关，当车身随着地面输送链运动到检测开关的位置时触发检测开关，脉冲编码器开始计数，计算车身的实时位置。脉冲编码器的输入轴与地面输送链的中心轴机械地相连，以获取输送链运动的同步信息。输出轴连接到编码器转发器上。编码器转发器整合到系统操作控制台内，通过编码器转发器，可将车身的实时位置信息发送到 PLC 及各个机器人控制器上。

7.6　机器人的其他典型应用

7.6.1　军用机器人

在未来战争中，机器人将发挥重要作用。军用机器人可以是一个武器系统，如机器人坦克、自主式地面车辆、扫雷机器人等，也可以是武器装备上的一个系统或装置。作战机器人、侦察机器人、哨兵机器人、排雷机器人、布雷机器人等将会迅速发展。将来可能出现机器人化部队或兵团，在未来战争中将会出现机器人对机器人的战斗。

机器人代替战士从事繁重及危险工作，在极限条件（如核武器、生化武器条件）下可以完成任务。

军用机器人的关键技术如下。

（1）对于地面军用机器人来说，地面行驶能力和快速准确识别重要目标是发展地面军用机器人面临的重大挑战。

（2）对于半自主机器人来说，控制台与机器人之间的每一次数据传输可能被敌人干扰甚至控制，这样就要求一次交给机器人多项任务，由它独立地去完成。

（3）要进一步提高军用机器人的自主程度，主要依靠以下关键技术：模式识别及障碍物识别、实时数据传输及适当的人工智能方法，还要开发全局模型，可以为机器人解释所拥有的全局信息，还要在传感器及执行机构方面取得重大进展。

7.6.2　水下机器人

水下机器人是一种可在水下移动、具有视觉和感知系统、通过遥控或自主操作方式、使用机械手或其他工具代替或辅助人工去完成水下作业任务的装置。水下机器人应用于海底探索与开发、海洋资源开发与利用、水下作业与救生。水下机器人的关键技术如下。

1. 能源技术

水下机器人要比在空中消耗更多的能量，开发应用新的能源，将是自制潜水器向远程、大范围作业发展的关键。

2. 水下精确定位、通信和零可见度导航技术

无线电波在水中衰减快，无线电通信、无线电导航与定位及雷达等都无法使用。

3. 材料技术

高强度、轻质、耐腐蚀的结构材料和浮力材料是水下机器人重点发展的技术问题。

4. 作业技术

柔性水下机械手、专用水下作业工具以及临场感、虚拟现实技术的发展，将使水下机器人在海洋开发中发挥更大的作用。

5. 智能技术

水下机器人是在危险四伏的复杂海洋环境中工作的。这使得机器人的航行控制、自我保护、环境识别和建模更加困难。

6. 回收技术

水下机器人的吊放回收作业常受海况条件的限制，因而影响水下机器人的水下作业。

7.6.3　空间机器人

机器人将成为人类探索与开发宇宙和外界未知世界的有力工具。各种舱内作业机器人、舱外作业机器人、空间自由飞行机器人、登陆星球的探测车和作业车等将被送上天空，去开发与利用空间，去发现与利用外界星球的物质资源。

空间机器人是指在大气层内外从事各种作业的机器人，包括在内层空间飞行并进行观测、可完成多种作业的飞行机器人，到外层空间其他星球上进行探测作业的星球探测机器人和各种航天器里使用的机器人。

星球探测机器人的关键技术如下。

（1）星球探测机器人在重量、尺寸和功耗等方面受到严格限制。

（2）星球探测机器人如何适应空间温度、宇宙射线、真空、反冲原子等苛刻的未知环境。

（3）如何建立一个易于操作的星球探测机器人系统。

一方面，星球探测机器人可以根据自身携带的计算机进行自主决策，实现一定程度的自主导航、定位和控制；另一方面，星球探测机器人也可以接受地面系统的遥控操作控制指令。

7.6.4　服务机器人

机器人将用于提高人民健康水平与生活水准，丰富人们的文化生活。服务机器人将进入家庭，可以从事清洁卫生、园艺、炊事、垃圾处理、家庭护理与服务等作业；在医院，机器人可以从事手术、化验、运输、康复及病人护理等作业。在商业和旅游业中，导购机器人、导游机器人和表演机器人都将得到发展。智能机器人玩具和智能机器人宠物的种类将不断增加。机器人不再是只用于生产作业的工具，大量的服务机器人、表演机器人、科教机器人、机器人玩具和机器人宠物将进入人类社会，使人类生活更加丰富多彩。

服务机器人的关键技术主要包括以下几个方面。

（1）环境的表示。如何针对特定的工作环境，寻找实用的、易于实现的提取、表示及学习环境特征的方法。

（2）环境传感器和信号处理方法。环境传感器包括机器人与环境相互关系的传感器和环境特征传感器。它随机器人的工作环境变化，通常需要借助多传感器信息融合技术将原始信号再加工。

（3）控制系统与结构。对于服务机器人控制器而言，更加注重控制器的专用化、系列化和功能化。

（4）复杂任务和服务的实时规划。运动规划主要分为完全规划和随机规划。完全规划是机器人按照环境-行为的完全序列集合进行动作决策，环境的微小变化都将使机器人采取不同的动作行为。随机规划则是机器人按照环境-行为的部分序列计划进行动作决策。

（5）适应作业环境的机械本体结构。灵巧可靠、结构可重构的移动载体是这类机器人设计成功的关键。不仅要考虑服务机器人的安全性、友善性，也要充分考虑功能与造型一体化的结构设计。

（6）人-机器人接口。人-机器人接口包含了通用交互式人机界面的开发和友善的人机关系两个方面。

7.6.5　农业机器人

在农业、林业、畜牧业和养殖业等方面应用机器人技术，能够合理地利用劳动力资源，提高劳动生产率。农业、林业、畜牧业和养殖业等将从现在的手工、半机械化和机械化作业发展到工业化和自动化生产。

农业机器人的关键技术主要包括以下几个方面。

1. 自行在特定空间的行走或移动

在果园或田野中自行运动的机器人，涉及地面的凹凸不平、意外的障碍、大面积范围的定位精度、机器人的平稳和振动、恶劣的自然环境等问题。

2. 对目标的随机位置准确感知和机械手的准确定位

由于作业对象是果实、苗、家畜等离散个体，它们的形状和生长位置是随机性的，又多数在室外工作，易受光线变化、风力变化等不稳定因素的影响，因此农业机器人的机械手必须具有敏感和准确的对象识别功能，能对抓取对象的位置及时感知，并具备基于位置信息对机械手进行位置闭环控制系统。

3. 机械手抓取力度和形态控制技术

机械手抓取娇嫩对象或蛋类等脆弱产品时，其力度必须进行合理控制，需具有柔软装置，能适应对象物的各种形状。

4. 对复杂目标的分类技术和学习能力

由于农产品特征的复杂性，进行数学建模比较困难，因此农业机器人应具有不断进行学习并记忆学习结果的能力，形成自身处理复杂情况的知识库。

5. 恶劣环境条件的适应技术

农业机器人的感知、执行及信息处理各部件和系统必须适应环境照明、阳光、树叶遮挡、脏、热、潮湿、振动的影响，以保持高可靠性的工作。

7.6.6　仿人机器人

在 21 世纪，各种智能机器人已得到初步应用，具有像人的四肢、灵巧的双手、双目视觉、力觉及触觉感知功能的仿人机器人已被研制成功，并得到应用。

仿人机器人的关键技术如下。

（1）仿人机器人的机构设计。

（2）仿人机器人的运动操作控制，包括实时行走控制、手部操作的最优姿态控制、自身碰撞监测、三维动态仿真、运动规划和轨迹跟踪。

（3）仿人机器人的整体动力学及运动学建模。

（4）仿人机器人控制系统体系结构的研究。

（5）仿人机器人的人机交互研究，包括视觉、语音及情感等方面的交互。

（6）动态行为分析和多传感器信息融合。

参考文献

[1] 郭盛, 马可, 王向阳. 新型可穿戴上肢康复机构的设计与分析. 北京交通大学学报, 2020, 44 (4): 132-140.

[2] 郭盛, 苗玉婷, 曲海波, 等. 新型高性能平面轨迹导引机构的设计与分析. 机械工程学报, 2019, 55 (5): 45-52.

[3] 胡准庆. 机器人通过奇异位形的精确轨迹控制方法研究. 北京: 北京交通大学, 2004.

[4] 韩建海. 工业机器人. 3 版. 武汉: 华中科技大学出版社, 2015.

[5] 徐策. 空间飞行机器人运动控制技术及地面模拟实验研究. 北京: 中国科学院大学, 2021.

[6] 李猛钢. 面向井下钻孔机器人应用的精确定位与地图构建技术研究. 徐州: 中国矿业大学, 2020.

[7] 高嵩. 多机器人协同目标追踪控制方法研究. 济南: 山东大学, 2020.

[8] 谢心如. 智能机器人目标抓取关键技术研究. 哈尔滨: 哈尔滨工程大学, 2020.

[9] 李超. 机械臂末端力/位置混合控制方法研究. 哈尔滨: 哈尔滨工程大学, 2015.

[10] 徐德, 谭民, 李原. 机器人视觉测量与控制. 北京: 国防工业出版社, 2016.

[11] 张磊. 基于多 Kinect 视觉的六自由度机器人运动规划研究. 长春: 吉林大学, 2019.

[12] 朱宇辉. 基于 Kinect 的机械臂人机交互控制系统设计. 绵阳: 西南科技大学, 2016.

[13] 杨立云. 机器人技术基础. 北京: 机械工业出版社, 2017.

[14] 王茂森, 戴劲松, 祁艳飞. 智能机器人技术. 北京: 国防工业出版社, 2015.

[15] 蔡自兴, 谢斌. 机器人学. 3 版. 北京: 清华大学出版社, 2018.